KB052001

미용경영학 & CRM

Beauty Administration & Customer Relationship Management

최영희 · 안현경 · 권미윤
현경화 · 구태규 · 이서윤 지음

光文閣
www.kwangmoonkag.co.kr

머리말

이 책은 경영학의 이론과학과 실천과학의 학문적 성격에 맞추어 이론과 원리를 규명하는 수준에 그치지 않고, 현실적 미용경영 문제를 실제로 적용해 봄으로써 경영자에게 요구되는 창의적 사고력과 문제 해결 능력 등을 배양하는 데 주안점을 두었다. 마케팅의 궁극적 목적도 고객 만족을 통한 고객 확보·관계의 유지라는 원칙을 인정하는 순간 기업의 관심과 초점은 생산하는 제품이나 판매하는 상품에서 고객의 욕구와 기대, 관심사로 전환하게 된다. "역사는 바뀌지 않는다." 그러나 "역사는 시대에 따라 다르게 해석된다."라고 말했다는 부르크하르트 역사학자의 말을 많은 분들이 알고 있다고 생각한다.

기업의 근본 목적이 이윤추구이며 이를 위해 경제성과 생산성 및 수익성을 추구하는 기본 틀은 변함이 없지만, 시대와 상황에 따라 이윤추구를 실현하려면 구체적인 경영전략이 변하여야 한다는 이야기다. 오늘날 기업의 외부 환경은 빠른 속도로 변해가고 있다. 고객의 마인드를 비롯하여 새로운 마케팅 기법, 경쟁, 경제, 정치까지도 경영에 영향을 미치고 있다. 한편, 경영규모가 확대됨에 따라 중간관리층의 역할 분담도 증가하게 되었으며, 제품 및 사업 방향도 확대되어 이제 경영전략은 전 사원이 참여형의 패러다임으로 변하여야 한다.

어느 분야에서든 일을 열심히 잘하는 사람을 우리는 그 분야의 전문가라 부른다. 우리가 사는 현재의 21세기는 하이테크 창조 시대이며 하루하루 미용기업의 치열한 경쟁 속에서 많은 전문가가 탄생하고 있다. 그러나 조직원의 열렬한 협력을 얻어내어, 지속적으로 성과를 창출하는 하이터치 리더는 그리 많지 않은 것 같다. 전문적인 지식과 기술을 습득하는 데에는 많은 노력을 기울이지만, 인간경영의 노하우를 체득하려고 쏟는 노력은 상대적으로 적기 때문이다. 인간의 마음은 낙하산과 같아서 펼쳐지지 않으면 쓸 수가 없다. 우선 자기의 마음부터 열고 모범을 보이면서, 상대방의 마음을 열어줄 수 있도록 많은 노력을 기울여야 한다. 열정과 풍부한 정감을 불어넣어 주는 리더, 창의력을 바탕으로 성과를 내는 리더, 인생의 의미와 가치를 전달해서 직업을 취향으로 바꿔가는 리더, 그가 바로 21세기형 인간경영 리더십을 발휘하는 사람이다. 그러한 리더가 되려면 끊임없는 인간경영의 지식 쌓기를 노력해야 한다.

2009년도 《미용경영학》을 출간하고 3년 동안 3판을 찍고 나서 미용과 학생들과 미용인들께 진심으로 감사하는 마음에서 심혈을 기울여 미용과 대학원 교재로도 만족할 수 있을 것으로 미용기업 경영인과 학생들에게 이 《미용경영 & 고객 관계관리》 도서가 미용을 공부하는 학생들과 현장에서 고객관리를 해야 하는 미용기업의 전문가, 미용 분야에 관심이 있는 미래의 미용인들께 부족한 글이지만 현장에서 주경야독하여 미용인으로서 인생을 집중하며 현장 경험과 오랜 학문의 이론적 지식을 결합하여 많은 도움이 되었으면 하는 바람으로 온 힘을 다하는 동안, 이 책을 출판하기까지 아낌없이 협조해 주신 광문각 출판사 박정태 사장님과 조 상무님을 비롯한 임직원분들께 감사를 드린다. 그리고 이 책의 감수와 교정을 보아주신 서울대학교 교육학박사 이현욱 목사님과 오타를 찾느라 밤잠을 설치며 꼼꼼히 살펴봐 준 가천대학교 경영대학원 뷰티예술경영학과 제자 이정은 선생께 깊은 감사를 드리며, 저자로 인해 늦은 밤까지 잠을 설친 자녀들에게 미안한 마음과 감사하는 마음을 전하고 싶다.

2013년 2월

저자

차 례

차 례

차 례

Chapter 01

미용산업 경영이란?

01 경영의 개념

02 미용산업 경영의 다각화

eauty Administration & Customer Relationship Management

경영계 리더에게 필수적인 자질

- 비전 : 부하 직원들을 이끌고 자신이 가고자 하는 방향이 어디인지 아는 것
- 열정 : 부하 직원들에게 자신의 신념을 심어주는 수단
- 통합 : 부하 직원들이 리더의 비전에 대해 느껴야 할 믿음
- 호기심 : 평범한 일상사에 만족하는 것에 대한 거부감
- 용기 : 위험도 기꺼이 무릎 쓰고자 하는 대담함

- 워런 G 베니스[Warren G Bennis(리더십연구 소장)]

Chapter 01 미용산업 경영이란?

01 경영의 개념

1) 경영학의 정의

경영학 발전은 독일과 미국에서 비롯되어 구분된다. 독일 경영학은 상업학을 모체로 하여, 이를 과학화하는 형태로 성립되었다. 독일 경영학은 경영의 경제적 측면 중에서 "개별경제의 이론적인 관점"을 중시하는 데에 비해, 미국 경영학은 "개별경제의 실천적 관점"을 중시하고 있다. 경영의 목적은 바로 효과성과 효율성을 추구하는 것이며, 이는 창의성과 생산성이라고도 표현할 수 있다. 오늘날의 경영학은 주로 미국 경영학을 중심으로 전개되고 있다.

경영학이란 조직체(관청, 기업, 학교, 군대, 교회) 등을 총체적인 넓은 의미의 아래에서 일정한 시설을 기초로 하여 지속적으로 활동하는 조직체의 구조와 행동의 원리를 연구하는 사회과학이다. 조직은 공동의 목적을 달성하기 위해 2인 이상이 모여 상호작용을 하는 곳이다. 이 같은 공동체의 삶을 영위해 나가는 데에는 몇 가지 명제가 있다. 공동체 안에는 주고받음(giving and receiving)의 원칙이 있다. 우리들의 생활하는 공동체가 존속하려면 서로 주고받는 것이 요구된다. 이를 기업에 적용해보면 기업은 제품과 서비스를 생산하여 소비자에게 주고 그 대가를 받아 살아간다.

기업이 생존해나가기 위한 가장 기초가 되는 것은 시장과 소비자이다. 물론 기업에는 자본, 토지, 인력, 기술 등이 필요한 것은 사실이지만 이보다 더 근본적인 것은 시장이 존재하는가이다. 시장이 존재한다면, 자본이나 기술 등은 타인으로부터 빌려올 수가 있기 때문이다. 이처럼 조직의 목적 달성을 위한 여러 인적, 물적 자원을 효과적으로 관리하는 것을 다루는 경영학에서 기업은 그 연구의 주요대상이다. 예) 일반경영학에는 각종 개별조직체를 따로따로 연구하는 특수경영학이 있으며, 그리고 기업이라는 특정조직체인 생산조직체를 연구하는 좁은 의미의 기업경영학이 있다. 최종 과제는 모든 조직체에 보편적으로 타당한 일반원리를 형성하는 데 있다.

(1) 미용산업 경영의 의의

미용경영이란 미용기업에서 성과를 내는 일련의 과정이다. 기업에서 이익은 목적이 아니라 성과를 내는 과정에서 나온 결과물이다. 미용기업은 기업이 존재해야 하는 사명을 정해야 한다. 무엇을 위해 미용기업이 존재하는지를 알아야 제대로 일을 할 수 있다. 사명이 있어야 가치를 만들 수 있다. 가치는 스스로 만드는 것이 아니라 외부에서 고객이 부여하는 것이다. 고객이 인정하는 가치를 만들고자 사업모델을 만드는 것이다. 사업모델은 가치를 찾아가는 것이다. 미용기업 자체는 가치가 없다. 고객이 인정하는 가치를 만드는 사업모델에서 나온 미용기업이 되어야 가치가 있는 것이다. 미용기업은 개인이 출자하여 경영 및 지배하는 미용기업의 영리를 위한 기술특성화 또는 서비스 제공 등 여러 가지 활동을 전개하고 있다. 미용기업은 성과의 결과물을 위해 인간・기술・돈 등의 자원을 효과적으로 경영하며 유효한 활동을 설계하고 있다.

일반적으로 미용기업 사업의 기반인 고객을 통해서 이윤을 창출해 가는 과정이라 하듯이 모든 사업의 궁극적인 목적은 고객을 만족하게 하는 일이다.

고객의 욕구를 만족하게 함으로써 만족한 고객들이 우리 사업을 대신해 주도록 함과 동시에 스스로 만족한 고객을 창출하는 일을 해야 한다. 그러할 때 미용기업에서는 고객을 위해 도움이 되는 서비스가 무엇인지 분명해야 한다. 고객은 미용기업의 기반이며, 고객에게 가치를 창조해서 제공하는 것만이 바로 미용기업 존재의 목적이 되어야 한다. 또한, 고객만족은 모든 미용기업의 존재이념이며 하나의 실천사상으로서의 새로운 경영이념이 되어야 할 것이다. 미용기업 조직의 규모와 초점 그리고 구조는 중요한 요소다. 사업모델에 적합한 규모를 유지해야 하고 조직의 초점은 항상 사명에 맞추어야 한다. 중첩된 조직 구조는 사명을 잊게 하고 가치 창조보다 내부 경쟁을 자극할 뿐이다. 이 모든 과정에 없어서는 안 되는 요소가 사람이다. 사람이 관리되어야 할 대상이 되면 효율과 효과를 높이기 어렵다. 조직의 사명을 향해 개인들이 서 있어야 한다. 조직과 개인 간에 긴장이 있어서는 좋은 성과를 만들기 어렵다. 가치는 무엇을 위해 노력할 것인가를 알려주는 표지판이다. 이것을 읽고 실행하는 것은 개인이다. 개인이 사명을 바라보고 가치를 만들어 가는 것이다. 개인은 존중하되 가치를 공유하지 못하는 개인은 같은 길을 갈 수가 없다. 경영은 이 모든 과정을 통합해서 성과를 만들어 가는 그림판이다. 그림을 그릴 때는 순서가 있고 원칙이 있다. 경영도 마찬가지다. 성공적인 기업은 경영의 원칙을 잘 이행하는 기업이다. 경영은 개인이 혼자 할 수 없는 일을 할 수 있도록 도와주는 수단이다.

2) 미용기업 경영의 활동요소

미용경영활동이란 경영목표를 위한 의사결정으로써 선택의 문제라고 표현할 수 있다. 경영활동은 기업의 대표에서 직원에 이르기까지 우리의 일상생활과 분리될 수 없는 필수요소인 만큼 언제 어디서나 고려해야 하는 활동이다.

미용기업의 경영활동은 일련의 의사결정 활동의 모두를 포함하며 이는 전략과 전술로서 구현된다. 전략과 전술은 시장 환경과 경쟁사 등. 요소에 의해 변화된다. 기업 경영활동은 일련의 순환 활동으로서 생산에서 분배 또는 소비를 창출하고 이익을 얻어서 다시 생산하고 분배하는 재활동을 한다. 이러한 제 활동과정에서 기업의 최고 책임자는 모든 의사결정에 관여함으로써 기업을 이끌어 나간다. 기업의 활동으로는 크게 재무, 생산, 마케팅, 인사, 정보, 재투자 등으로 다양하며, 이러한 활동 간의 연계로 이익을 극대화하여 기업가의 이익을 극대화함으로써 이를 통한 사회적인 책임을 다하는 것이다. 기본적 행동원리 또는 선택원리들은 경영목적의 달성을 위해 필요한 개념으로서 모든 경영이론과 실천 방향에 지향되어야 할 원리이다. 이러한 원리는 4가지로 나눌 수 있다.

(1) 효과성 · 효율성의 원리

능률적으로 목표를 성취할 수 있는 정도, 효율성은 효과성과 능률성을 합친 개념이라 하겠다. 기대했던 조직의 목표가 실제로 달성된 정도를 말한다. 효율성이란 조직 구성원의 개인적 욕구가 충족된 정도를 말한다. 여기에서 공식적 조직과 비공식적 조직을 개념화하였고 이와 관련하여 개인행동의 효과성과 효율성의 개념을 구분하였다. 개인행동의 효과성은 개인이 바라는 구체적인 목표가 달성된 것이고 효율성은 심리적 만족도에 관한 것으로 규정된다. 효과적인 행동이라고 해서 반드시 효율적인 것이 되는 것은 아니다. 효과성이란 기관에 기대되는 역할을 충족시키는 정도를 말하다. 효율성은 개인의 인성에 따른 요구를 만족하게 하는 정도를 의미한다. 이러한 개념 구분은 논리적으로 가능한 것이며 실제적으로는 확연하게 구분될 수 있는 성질의 것은 아니다. “목표를 달성하자”라는 의미가 있는 효과성은 유효성으로서 경영목표의 달성 정도를 나타내며, 목표에 근접하게 도달하거나 그 이상 달성할수록 효과성은 높아진다. 효율성은 능률성으로서 '일을 옳게 하자!'는 의미와 함께 비율이 높을 때 경영은 더 능률적이 되고 반대로 생산 과정에서 많은 자원이 많이 낭비되고 활용되지 못할 때 경영은 비능률적이 된다.

경영 효과성과 효율성의 결합

구 분		목표의 달성도	
		비 효 과	효 과
자원의 이용도	효 율	자원의 낭비는 없으나 목표를 달성하지 못함	목표를 달성하고, 자원의 낭비도 없음.(즉, 최적의 목표달성)
	비효율	자원을 낭비하였을 뿐만 아니라 목표도 달성치 못함	목표는 달성하였으나 자원을 낭비함

(2) 수익성 원리

수익성이란 투하된 자본 가치를 증대시키기 위해 보다 더 많은 화폐이윤을 추구하는 행위를 말하며, 그 지도 원리는 필연적으로 수익성 및 이윤성 또는 영리성에서 찾게 되는 것이다. 수익률에 따른 기업의 행동원칙을 뜻하며 기업 활동의 대가로서 최대의 수익성을 의미한다. 이윤극대화 원칙(principle of profit maximization)과 직결됨으로써 이익을 떠나서는 경영을 생각할 수 없듯 기업의 궁극적인 목적은 기업이 유지 및 존속하는 데 필요한 최소한도의 이익 즉, 적정이익의 실현만은 기필코 달성하는 데 있다. 실상 그것은 '실질적인 비용'의 회수라고도 할 수 있다. 이런 의미에서 경영통제의 초점은 수익성 판정으로서 대표적 지표는 자기 자본과 부채를 합계한 총자본에 대한 순이익 비율인 총자본 이익률이다. 경영성과는 순

매출 이익률과 총자본 회전율의 원인 규명에 따른 관련지표로 사용되며 이 두 요소에 의해 좌우되기도 한다.

$$\text{자본수익성} = \frac{\text{이익}}{\text{투입자본}} = \frac{\text{이익}}{\text{판매(생산)}} \times \frac{\text{판매(생산)}}{\text{투입자본}}$$

(3) 경제성 원리

사기업뿐만 아니라 공기업까지 포함하는 모든 기업에 적용할 수 있는 일반원리로서, 합리성에 기초를 둔 경제성원리를 경영학이 지향하는 목표라고 주장하는 것이다. 기업은 소비자를 필두로 한 기업 환경으로서의 모든 이해관계자 집단에 대한 이해 조정이라는 사회적 책임도 아울러 고려해야 할 상황에 놓여 있다. 따라서 종래의 수익성 원리에 근거한 기업목적 일원설에서 오늘날의 다원설에 입각한 다양한 목표를 추구하지 않을 수 없게 되었다. 더욱이 소유와 경영이 분리된 상황하의 기업경영은 기업소유자나 고용경영자가 아닌 전문경영자에 의해 운영되며 그들 전문경영자의 책임하에서 의사결정이 행해지고 있다. 그러나 항상 이윤의 극대화에만 관심이 있다고는 볼 수 없듯 일반적 의미의 경제원칙이란 최소 비용으로써 최대의 효과를 얻는데 그 본질이 있다. 경영활동이 경제적으로 수행되고 있는가를 판단하기 위해서 최소 가능한 투입에 대한 성과의 비율로써 평가하는 개념을 갖는다. 이는 기업경영의 행동원리로서 뿐만 아니라 경영이라는 이름의 모든 형태의 개별경제에 공통으로 적용되는 선택의 원리이기도 하다.

$$\text{경제성} = \frac{\text{목표}}{\text{수단}} = \frac{\text{성과}}{\text{희생}} = \frac{\text{산출}}{\text{투입}}$$

(4) 생산성 원리

생산성이란 생산에 대한 합리성을 의미하는데, 이는 경제상의 합리성과 기술상의 합리성으로 구별되며 흔히 전자가 중시되고 있으며, 이는 생산물 가치와 그 생산에 소요된 생산요소비용과의 비율에 의해 측정·표시되며 흔히 경제성원리와 동일시된다. 물량적 개념으로서 산출투입으로 표시되나 여기서는 부가가치 생산성의 개념을 도입했다. 이는 생산 활동의 종합적 성과를 나타내는 지표로서, 생산성의 척도는 생산에 필요한 모든 생산요소의 투입량과 산출량을 갖는다. 생산성 종류에는 투입과 산출 요소에 따라 노동생산성·자본생산성·부가가치 생산성을 들 수 있다.

부가가치란 기업의 경영활동을 창출한 가치로 보았으며 판매업은 부가가치는 매출 총이익을, 제조업은 매출액에서 외부 구매 가격을 공제한 부분으로써 회사 자체에서 순수하게 이루어 낸 가치를 일컫는다. 이것은 업적분석이자 본 수익성에만 치중됐던 종래의 기법을 보완하고 기업의 경영능률을 측정하는 데 있어서 이 방식이 더욱 유력한 기업분석의 수단으로 인식되었기 때문이다. 부가가치의 정의는 사람마다 다른 표현을 하고 있으나 결국 외부에서 산 가치가 아닌 자사에서 창조한 가치 또는 매출액이나 생산액에서 부가가치를 뺀 것으로 요약되고 있다.

부가가치생산액은 그 기업이 자사 내부에서 창조한 생산가이며 투입에 대한 산출의 비율인 생산성을 대신하여 가장 널리 이용되고 있다. 생산성에 관한 여러 지표를 분석하는 일은 기업 활동의 능률 또는 업적을 측정 평가하여 그 발생원인과 성과 배분의 합리화를 위해서는 불가결 기법으로 기업분석의 하나라고 할 수 있다. 따라서 생산성에 관한 지표는 곧 경영합리화의 척도로서 생산성 향상으로 얻은 성과를 이해집단에 적절히 배분하는 기준이 된다.

최근 부가가치에 의한 생산성의 측정이 가장 일반화되고 있다. 이는 종래의 기업이 매출실적 제1주의의 경영으로부터 고임금, 고능률, 고 이익을 실현하기 위해 명목적 수익인 매출액에 비해 실질적인 수익이라 할 수 있는 부가가치 중심의 경영으로의 질적 전환을 하는 점에 연유되고 있다. 부가가치 생산성의 분석은 일차적으로 분석시점의 1인당 부가가치를 기간과 상호비교를 통해서 우열을 판단하고 다음으로 관련지표인 노동장비율 × 설비투자효율 또는 종업원 1인당 매출액 × 부가가치율 등 여러 가지 측면에서 원인을 규명할 수 있다.

종합생산성을 판정하는 지표로서는 부가가치에 대한 총자본의 비율인 총자본투자효율을 이용하기도 한다. 한편, 임금수준을 판단하는데 있어서도 관련지표인 부가가치생산성과 노동분배율을 이용하며 총자본이익률로 대표되는 수익성과도 별도 관련지표에서 보는 바와 같이 상관관계를 맺고 있어 이를 활용 분석하는 것이 효과적이다.

$$생산성 = \frac{산출량}{투입량}$$

3) 미용기업 경영의 순환과정

자본주의 경제체제하에서 미용기업이 이윤추구를 위한 경영활동 과정에 경영자 또는 직원들은 고객관리, 인적자원관리, 마케팅관리, 접객서비스, 물질관리, 인성교육 및 기술개발 요소 등을 합리적으로 활용하면 미용고객의 변화와 흐름을 파악할 수 있어야 하고 조직을 이끌어 나가야 한다. 경영에서 기본이 되는 개념인 매니지먼트 사이클이란 기업 활동을 계획하여 실행에 옮기고 그 결과를 평가하여 또 다른 계획에 반영하는 일련의 활동이 연속적으로 이루어지는 것을 의미한다. 이렇게 활동이 원활히 이루어지면 경영성과는 점차 개선될 수 있다. 즉 전기의 성과가 어떠한 원인에 의해 좋았거나 부진했는가를 판단하여 차기의 계획에 반영하고 이를 실행에 옮김으로써 계획 및 실행의 효과성을 높일 수 있기 때문이다.

(1) 매니지먼트 사이클(management cycle)

매니지먼트의 개념은 통일적으로 취급되고 있지는 못하며 매니지먼트를 경영으로・어드미니스트레이션(administration)을 관리로 보는 견해도 있으나 이 두 개의 개념을 합쳐서 넓은 뜻의 매니지먼트로 보는 견해도 있다. 일반적으로 매니지먼트의 기능으로서 계획・조직・통제의 기능을 중심으로 조정・지휘・명령・보고 등의 여러 기능으로 보고 있다.

처음에는 이러한 경영활동이 영리조직인 기업의 경영에만 적용되었으나 오늘날의 경영활동은 조직체의 목적을 달성하기 위해 여러 가지 자원을 복합적이고도 유기적인 방식으로 결합시킨다. 이는 활동전개방식의 다양성으로 영리조직뿐만 아니라 비영리조직도 포함한 모든 조직에서 '계획–실행–통제'라는 순환과정으로 정의한다.

① 계획활동(Plan)

기업의 경영목표를 세우고 이를 달성하기 위한 가장 좋은 방안을 찾는 활동을 말한다. 즉 무엇, 언제, 어디서, 누가, 어떻게, 얼마만큼 할 것인가를 명확히 설정하는 것이다. 성공적으로 달성을 위한 효율적 방안을 찾는 의사결정 – 미용기업의 이념과 비전설정, 전략적 목표수립, 전략계획수립, 업무계획수립

② 실행활동(Do)

실행은 언제나 목표의 방향을 잘 정해야 한다. 목표는 눈에 보이지 않지

만, 성과측정은 손에 잡히기 때문이다. 품질이 중요한데 제품 개수가 지표가 되면 품질은 부차적인 요소가 된다. 목표달성을 위한 조직의 모든 자원을 효율적으로 활용하는 의사결정 - 조직구조 합리적 인사원칙, 개인목표와 조직목표 통합, 동기부여와 리더십 발휘. 효과적인 팀웍 촉진이 필요하다.

③ 통제활동(See)

통제기능은 디자인, 품질, 유통시간에 관한 소비자의 개선요구를 빨리 인지하여 이에 부응한 새로운 재화와 서비스를 창출해서 소비자에게 전달하는 과정의 순환을 빠르게 하는 역할을 한다. 미용기업 실행결과가 계획대로 진행되는지 평가하고 문제가 있을 때 수정(Feedback) 하는 의사결정 - 실제성과 측정, 성과 표준과 실제성과 비교, 통제시스템 구축

02 미용산업 경영의 다각화

1) 미용기업 경영의 혁신기법

국내에서 1990년 초부터 활발히 전개되어 현재는 보편화 되었다. '혁신'이라는 개념은 신선하고 새로운 것을 의미했으나 이제 '경영혁신'이라는 말은 식상할 정도다. 국내기업들은 경영혁신의 의미와 효용가치와 부작용을 정확하게 파악하고 자기에게 맞는 적절한 기법을 선택하는 노력보다는 경쟁기업이 사용하는 특정기법을 맹목적으로 회사에 도입하여 실행하는 경우가 많다.

경영혁신이란 단어는 경영과 혁신이라는 두 단어의 합성어다. 본래 의미를 살펴보면 경영이란, 사전적 활동, 현장 활동, 사후적 활동으로 구성되

며 사후적 활동은 다음 경영의 사전적 활동에 대한 기초가 된다. 이러한 의미에서 경영이란 여러 가지 경영요소가 수평적으로 분화된 활동이 아니라 동태적으로 결합한 과정이다. 혁신이란 '새로운 것'을 의미한다. 슘 퍼터는 신결합(Neuerung)이라는 말을 사용했다. 슘퍼 터는 기존 방식에서 출발하여 점진적인 변화를 통해 지속적인 개선에는 큰 가치를 두지 않는다. 전통적인 대량생산체제의 목표는 생산성 향상이었다. 표준화를 통한 생산성 증대로 말미암아 기업들은 시장점유율을 높일 수 있으며 가격경쟁으로 이윤을 누릴 수 있다.

경영혁신을 위해서는 다음과 같은 조건이 필요하다.
첫째, 새로운 아이디어를 이끌어 낼 수 있는 창조성
둘째, 참가자가 다양하게 행동할 수 있는 자율성
셋째, 정형화된 관성을 파괴할 수 있는 유연성

경영혁신이란 조직의 목적을 달성하기 위하여 새로운 생각이나 방법으로 기존업무를 다시 계획하고 실천하고 평가하는 것이다. 경영혁신은 새로운 제품이나 서비스, 새로운 공정기술, 새로운 구조나 관리시스템, 조직구성원을 변화시키는 새로운 계획이나 프로그램을 의도적으로 실행함으로써 기업의 중요한 부분을 본질적으로 변화시키는 것을 의미한다.

경영자는 급변하는 환경에서 미용기업을 성장시키려고 새로운 사업 기회를 발견하고 기업가 정신을 기초로 경영혁신에 도전하는 자세와 모험에 따른 위험을 부담하는 기업가적 역할을 수행해야만 한다. 그러나 경영자가 혁신자로서의 역할을 수행하지 못하면 관리자 역할로만 끝남으로써 혁신은 새로운 제품, 새로운 경영방법, 새로운 시장개척, 새로운 조직 개발 등 온갖 형태를 포함하고 있다.

(1) Restructuring : 기존의 프로세스

미용기업 비전을 구체화하기 위해 계획되고 의도된 급진적 사업 구조조정 전략을 말한다. 기업경영의 기본적 구조를 재구축하여 기업의 존속과 발전을 도모하기 위한 경영 전략을 말하는데, 즉 사업의 편성을 변경하고 사업의 개발 · 기술생산 · 관리시스템을 구조적으로 변혁하고 재편성하여 발전 가능성이 있는 방향으로 사업구조를 바꾸거나 비교우위가 있는 사업에 투자재원을 집중적으로 투입하는 경영전략을 말한다. 급변하는 국제경제 환경 속에서 기업이 생존 · 성장해 나가려고 기업의 미래상인 비전을 사업구조 차원에서 구체화하는 경영혁신기법이라 말할 수 있다. 이러한 리스트럭처링은 기존의 사업 다각화(business diversification) 및 M & A에 대비한 사업 구조조정의 뜻으로 사용되고 있는 재무 리스트럭처링(financial restructuring)과 구분된다.

(2) 리엔지니어링(re engineering) : 처음부터 재설계

기업의 체질 및 구조와 경영방식을 근본적으로 재설계하여 경쟁력을 확보하는 경영혁신기법이다. 1990년 마이클 해머가 제창한 기업 체질 및 구조의 근본적인 변혁을 가리킨다. 비용, 품질, 서비스, 속도와 같이 핵심이 되는 경영성과의 지표들을 비약적으로 향상시킬 수 있도록 사업 활동을 근본적으로 다시 생각하여 조직구조와 업무 방법을 혁신시키는 재설계 방법이다. 이는 과거 생산자 주도의 경제체제에서 별다른 경쟁 없이 성장했던 기업들이, 경쟁 심화와 함께 고객의 요구 또한 까다로워지고 복잡해지면서 많은 어려움을 겪고 있다는 사실에 초점을 두고 있다. 그동안 미용기업에서도 생산성 향상을 위해 서비스 품질관리, 과학적 경영, 등 여러 가지 경영개선 기법을 도입해 왔으나, 이런 점진적인 경영개선 방법은 문제의 일부분만 개선하는 것이어서 미용기업경영의 본질적인 문제들을 해결해 주지는 못했다.

그러나 리엔지니어링의 개념에는 인원감축, 권한이양, 직원들의 재교육, 조직의 재편 등이 포괄적으로 포함되는데, 리스트럭처링(restructuring)이 인원감축이나 부분폐쇄 등에 의존해 온 것에 비해 기업전략에 맞춰 업무진행을 재설계하는 의미가 크다.

기존 가치관은 물론 경영원칙을 일단 배제하더라도 업무 흐름의 혁신적 재구성을 통해, 보다 적은 인원 노력투자로 기술생산성, 서비스품질의 속도에 혁신을 가져오는 전체 최적화, 처음부터 다시 설계, 업무 방법 등 혁명적으로 미용기업의 재창조를 위한 변혁이라고 할 수 있다.

(3) 벤치마킹(benchmarking)

벤치마킹이란 다른 경쟁기업과 조직들이 핵심적인 프로세스들을 어떻게 수행하는지 방법을 배움으로써 기업이 기존에 보유하는 능력범위를 넘어서는 우수한 성과를 달성하는 데 있다. 핵심 프로세스별로 전략적 차이와 선진기업의 우수사례를 탐색하여 효과적인 목표를 수립하고자, 분석결과를 바탕으로 업계 최상의 실행방법을 실현하려 함이다. 기업의 성과는 시장에서 경쟁기업과 비교되지만, 이는 기업 활동의 결과물인 제품이나 서비스에 대한 평가이지 제품이나 서비스를 만들어내는 내부의 각 프로세스에 대한 평가는 아니라고 할 수 있다. 제품과 서비스를 만들어내는 각 기업의 프로세스는 비교 기준이 없어서 자사의 프로세스가 효율적인지를 판단할 수 없게 된다. 그래서 기업 내부 프로세스에 경쟁 개념을 도입하여 경쟁기업 프로세스와 비교하여 지속적으로 자사의 프로세스를 개선하려는 노력이 바로 벤치마킹의 본질이라고 볼 수 있다.

첫째, 경쟁적 벤치마킹의 결과로 고객의 필요를 파악하거나 해당 산업의 동태적 변화를 이해할 수 있으며, 내부적 벤치마킹으로 자사의 과거 최고 성과 또는 자사 내부의 타 부서를 비교 분석한다.

둘째, 다른 경쟁사와 비교함으로써 자사의 능력을 객관적으로 평가하며 우리와 유사한 프로세스를 더 높은 성과 수준에서 실행할 수 있었다는 점을 인정하고, 고객 요구수준 또는 이론적으로 바람직한 수준을 파악하는 것이다. 즉 우수한 회사의 예를 통하여 자사의 유사한 프로세스가 궁극적으로 달성할 수 있었던 개선 목표에 대한 비전을 갖게 되며, 이와 함께 이러한 프로세스의 개선을 위해보다 현실적이고 실현 가능한 목표를 세우는데 기여를 하게 된다. 벤치마킹은 모든 경영혁신 기법에 범용성 있게 병행하여 사용할 수 있으며 기업 활동의 기준 및 목표를 제공함으로써 계속적인 경영혁신을 지원하는 기법이라고 할 수 있다. 한편, 성공적인 벤치마킹을 위해서는 최고경영자의 지원, 벤치마킹 대상 회사와의 접촉 가능성, 프로세스의 문제점과 그 근본원인을 파악하기 위한 능력을 지닌 유능한 벤치마킹팀, 꾸준한 조사와 강인한 인내력 등이 반드시 필요하다.

(4) 다운사이징(downsizing)

1980년대 초 IBM 왓슨연구소 직원 헨리 다운사이징의 이름으로, 그는 메인프레임보다 작으면서 보다 우수하고 유연하며 빠르고 더욱 신뢰성 있는 컴퓨터 개발을 주창한 사람이다. 다운사이징은 조직의 슬림화 기법을 통해 능률의 증진을 추구한다. 일반적으로 비즈니스 다운사이징과 정보시스템 다운사이징으로 나뉜다. 조직 다운사이징은 기업체의 관료화에 따른 불필요한 낭비조직을 제거하는 것이다. 본사의 임원이나 지원부서가 축소되고 기업의 계층구조가 줄어들며 중간 관리층이 대폭 감소하게 된다. 이를 위한 조직개편 수단이 팀제도이다. 조직 다운사이징은 기구축소 또는 감원, 원가절감이 목표이기는 하지만, 원가절감과는 개념이 다르다. 단기적 비용절약이 아니라 장기적인 경영전략으로서 수익성이 없거나 비생산적인 부서나 지점을 축소 내지는 제거, 기구를 단순화하여 관료주의적 경영체제를 지양, 의사소통을 원만·원활화하여 신속한 의사결정을 도모하는 것이다. 의도적인 인력의 감축이라는 뜻으로서 조직의 효율성, 생산성, 경쟁력을 개선하고자 조직인력의 규모, 비용구조, 업무 흐름 등에 변화를 주는 조치이다.

정보시스템 다운사이징은 기업의 전산화 작업을 LAN을 중심으로 한 네트워크 자료처리플랫폼으로 이행하는 것으로 정의된다. 정보시스템을 일선에서 퍼스널컴퓨터(PC)를 직접 다루는 최종사용자 중심으로 바꾸고 정보시스템의 보수유지, 안전, 보안 등만 중앙에서 처리하는 것을 말한다. 즉 중앙 집중 통제방식으로 정보를 처리하는 방식에서 벗어나 정보를 PC에 분산하여 처리하는 방식이다.

(5) 아웃소싱(outsourcing)

기업이나 기관이 비용절감, 서비스 수준 향상 등의 이유로 기업에서 제공하는 일부 서비스를 외부에 위탁하는 것을 말한다. 즉 자신의 핵심적인 능력을 중심으로 기업의 경쟁력 제고를 위해서 기타 부가적인 서비스는 그것을 전문적으로 제공하는 기관들의 도움을 받는 것을 의미한다. 아웃소싱을 하는 이유는 첫째, 기업이 업무나 기능을 자체적으로 제공, 유지하기에는 수익성이 부족, 둘째 조직 내부갈등을 해결하기 위해 제삼자에게 문제를 위임, 셋째 내부적인 전문성은 없지만, 그 기능이 필요하여 그 부분을 외부에서 조달하기 위함이다. 기업환경이 갈수록 빠른 속도로 변화하기 때문에 예측이 불가하다. 따라서 기업조직의 전 부문에 투자하는 것보다 핵심적인 부분에만 투자하는 것이 예측할 수 없는 미래 상황과 위험에 재빠르게 대처할 수 있다. 아웃소싱은 기업의 생존전략이라고 할 수 있다.

2) 미용경영의 활성화 방안

경쟁에서 이기는 방법을 말한다. 글로벌경쟁 시대에서 미용기업들이 경쟁에서 살아남는 데 필요한 경영전략을 수립하고, 이행하는 데 필요한 여러 가지 분석기법을 제공해야 한다. 경영전략의 분석기법을 강조하는 이유는 전략적 사고능력이 분석과 종합을 통하여 배양될 수 있다고 믿기 때문이다. 경영전략은 더는 최고경영자나 직관과 통찰력이 뛰어난 소수 사람만이 수행하는 업무가 아니라, 미용기업 내 모든 구성원이 전략적 사고방식을 갖추고 업무를 수행해야 하며, 이러한 전략적 사고는 학습에 의해 어느 정도 배양할 수 있다는 것이다. 이를테면 확실하고 변치 않는 기술적 환경에 처해 있는 조직과 불확실하고 급변하는 기술적 환경에 놓여 있는 조직은 그 구조와 과정에서 서로 현격한 차이를 보여주는 것이라 하겠다. 차별화를 위해서는 기업은 경쟁우위가 어느 특정기업이 다른 기업과의 경쟁에서 우위에 설 수 있는지를 판단할 때 사용하는 개념으로, 비교우위와는 다르며 비교우위가 주로 임금, 금리, 환율 등의 거시경제변수를 가지고 특정 산업의 국제 경쟁력을 판단하는 개념이라면 경쟁우위는 개별기업에 한정된 개념이다. 기업이 경쟁우위를 확보하려면 기업 특유의 기술 경영상의 탁월한 노하우 그리고 마케팅 능력 등이 필요하다. 반면 경쟁우위란 경쟁자들에 비해 특정 부분이나 사업 활동 전반에 걸친 상대적 혹은 절대적 우월성을 가지고 있다는 의미이다.

(1) 경영활성화 전략의 내용과 프로세스

전략의 내용에 집중하는 경향은 전략의 수립(formulation)과 실행(implementation)이라는 이분법의 함정에 빠지기 쉽다. 그러나 실제 기업경영은 전략의 수립과 실행의 이분법과 맞지 않는다. 전략의 수립과정에는 실제로 전략을 수행하여야 할 사람들의 의견이 반영되어야 실행 가능하고, 올바른 방향의 전략이 수립되는 것이다. 또한, 전략의 수립과 시행의 단계 역시 확연히 구분된 것이 아니라, 종종 전략의 수립과 시행은 동시에 이루어지거나 깊은 상호연관성을 가진다. 기업이 경영자원을 배분하는 기본원리. 대기업은 그 내용을 포괄성의 대소에 따라 기업전략, 사업전략, 기능전략으로 나눌 수 있다. 기업전략은 어떤 사업. 제품분야를 선택・조직할 것인가가 중심 내용이 된다. 본업중심이냐, 다각화냐, 등이 그 예이다. 사업전략은 기업전략에서 확정된 각 사업・제품분야에서 어떻게 경쟁할 것인가가 중심 내용이 된다. 이는 각 사업・제품분야의 라이프 사이클상의 단계와 자사의 경쟁상의 지위에 의해 좌우된다. 시장점유율 확대, 성장, 이익추구, 자본축소, 시장축소, 철수 등 여러 가지 전략이 있다. 기능전략은 기능별 활동원리를 말한다. 예컨대 연구개발 전략으로 테마의 선택과 자금·인원의 배분이 주 내용이다.

3) 미용경영의 전략과 기법

경영전략은 미용기업사명 및 비전설정- 미용기업목표설정-전략수립-전략실행-전략통제의 과정을 통해 이루어진다. 특히 전략수립단계와 전략실행단계는 경영전략에서 매우 중요한 부분이다.

(1) 미용기업사명 및 비전설정

미용기업이 존재하는 이유를 밝혀주는 정체성을 확인시켜주며 사업에 범위를 결정하는 역할을 한다. 비전은 기업의 미래에 실현할 구체화한 목표이며 기업의 활동방향을 한 곳으로 모아주는 나침반이다. 미용기업의 비전은 미래에 실현될 사업의 모습으로 구체화하여야 한다는 면에서 막연한 꿈과는 다르다. 아래와 같은 물음을 설정한다. 미용기업은 어떻게 사업을 해야 하는가? 미용고객은 누구인가? 미용기업은 고객들에게 어떠한 가치를 제공하는가? 미용기업은 앞으로 어떻게 비전을 가져야 하는가?

따라서 미용기업의 사명정립은 시장 환경의 기본 성격과 변화의 중요성을 파악하고 경영구조상의 가능한 사업능력의 확인, 경영기능상 차별화 능력의 확인을 통해서 수립되어야 한다. 기업사명의 전제조건은 직원들에게 명확한 가치를 제공하며 기업사명 속에서 자신이 진출할 범위와 자사의 사업이 공략해야 할 시장의 범위를 명확히 정의해야 하며 직원들의 동기유발과 미용기업의 장래비전을 제시해야 한다.

(2) 미용기업 목표 설정

기업 목표의 달성 가능성, 도전성, 구체성 등이 갖는 요건을 충족시키기 위한 설정은 다음과 같다. 첫째, 미용기업의 목표는 달성 가능해야 한다. 자신들이 가지는 자원이 뒷받침될 수 있어야 하며 주변 환경 및 시장조사가 정확히 파악되어야 달성 가능성이 있다. 둘째, 미용기업의 목표는 도전적이어야 한다. 모든 직원이 동기부여를 받을 수 있고 기업 활동이 정체되지 않도록 도전적으로 설정되어야 한다. 셋째, 미용기업의 목표는 구체적이어야 한다. 언제까지 달성할 것인가? 얼마만큼 달성할 것인가? 어떻게 달성할 것인가? 등에 대하여 구체적으로 명시되어야 한다.

(3) 전략적 수립

기업목표를 설정하고 목표 달성을 위해 어떠한 행동을 취하여야 할 것인가를 계획하고 결정하는 것을 전략적 수립이라 한다. 전략적 수립이 요구되는 이유는 목표달성을 위해 최대한 신속하고 체계적으로 달성하는 방법을 모색하고, 매력적인 사업영역을 확보함으로써 지속적인 경쟁우위를 가지게 되기 때문이다. 이는 4가지로 고려된다. 첫째, 사업범위 또는 행동영역은 목표달성을 위한 사업 활동 영역으로서 기업의 사명이나 비전에 의해서 전체적인 범위를 결정시킨다. 둘째, 핵심역량은 기업의 목표달성을 위해 사용하는 기술과 자원으로서 경쟁보다 잘할 수 있는 역량과 최종 재화에 대한 가치평가의 핵심요소를 갖는다. 셋째, 경쟁우위는 기업이 가진 기능이나 자원 활용을 통해 경쟁자들에 앞서 달성할 수 있는 우위를 의미한다. 기업이 내부적으로 강점이 있다고 하더라도 경쟁자들과 비교하여 상대적인 우위가 없으면 경쟁에서 살아남을 수가 없다. 넷째, 시너지효과 개념은 비용절감보다 훨씬 포괄적인 것으로 경영자의 경영능력, 조직 구성원의 다양한 기술, 기능부서 간의 협동, 경영에 관련된 소프트웨어적인 측면들이 다수 포함된다.

전략의 기본 방정식의 표현

전략 = (목표설정 × 달성수단) + 실행

전체적인 체계도로 파악해 보면 목표를 설정하고 전략계획을 선택하여 수단과 함께 계획을 실행하는 과정으로 순위를 정할 수 있다.

Chapter 02

미용산업의 환경 스토리 전개

eauty Administration & Customer Relationship Management

성공하는 사람들의 7가지 습관

① 주도적이 되어라.
② 목표를 확립하고 행동하라.
③ 소중한 것부터 먼저 하라.
④ 상호 이익을 추구하라.
⑤ 경청하는 다음에 이해시켜라.
⑥ 시너지를 활용하라.
⑦ 심신을 단련하라.

- 스티븐 R. 코비(Stephen R. Covey) 자기계발 컨설턴트

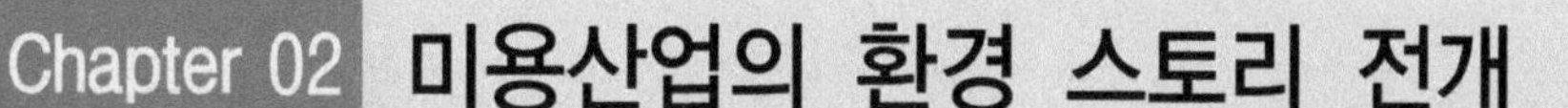

Chapter 02 미용산업의 환경 스토리 전개

01 미용기업의 역사

1) 한국미용 기업의 변천

미용경영의 시작은 1920년대 우리나라 최초 경성미용원의 등장으로 말미암아 시작되었다. 기미독립운동과 광주학생의거를 거치며 여성의 사회진출 의욕이 점차 높아지고 여성운동이 급진적으로 다양해지면서 발전하게 되었다. 당시 광복 이전 영화배우 지망생이었던 오협주가 일본에서 미용기술을 배워 우리나라로 돌아와 화신백화점(지금의 종로타워 자리)에 미용실을 열어 경영하면서 광복 이후에는 우리나라 최초의 미용학원을 개설하게 되었다. 이후로 임형선이 설립한 예림 미용학원, 권정희의 정화고등기술학교 등이 생겨나면서 많은 미용인이 배출과 함께 미용업의 발전 또한 계속되게 되었다. 예전 미용경영이 미용업에 의미를 두고 시작된 시기는 1970년대부터 개념의식이 싹텄다.

한국미용 경영과 업계의 변천

1950년	불파마, 아이론(고데), 콜드펌제 등장	• 1948년 10월 1일 제1회 자격시험 합격자 발표 후 미용업을 개설하려면 자격시험 합격증이 있어야 했음 • 9·28 수복 후 1954년 미용업주들은 조직을 구성 1957년 미용조합연합회로 발족(초대 : 박계국 회장)

		• 1961년 연합회를 사단법인체로 승격
1960년	기술력 중심 승부 크라운, 폼베이지업, 보브스타일 등장	• 오드리햅번 커트 스타일 • 비틀 컷 스타일 • 보브밥 스타일
1970년	경영 초기 쉐기커트 남성히피커트	1970년대 남자들 장발이 유행하고 여성은 짧게 커트했으며 아이론 및 브로우 드라이로 유연하고 자연스런 머릿결의 웨이브 연출
1980년	경영발전 초기 펑크머리형 디스코 머리형	1980년도 보브 스타일 영국의 비달사순과 미국의 피포트 포인트, 이탈리아 토니엔가이로 미용연수를 다녀와서 새로운 컬렉션을 보급, 미용의 국제화시대에 접어들기 시작했다.
1990년	경영시대 다양한 헤어스타일 유행	1990년 초반에 미용학과가 신설되며, 컬러시장이 대중적으로 선호하기 시작

(1) 미용기업의 환경변화

1970년대 이전 미용업은 생계수단에 급급해 영세성을 벗어나지 못했다. 이후 경제발전과 소득수준의 향상으로 말미암아 질적, 양적으로 미용업의 많은 환경변화를 가져왔다. 1991년 전문대학에 미용과가 개설되면서 미용인들의 새로운 인식변화와 함께 우수인력을 육성하는 방법으로 교육훈련에 그 중점을 두었다. 미용인으로서 직업에 대한 긍지와 구성원의 자질과 능력을 개발하도록 지적욕구 충족에 온 힘을 쏟게 되었다. 오늘날 고객들의 소비패턴은 점점 까다로워지고 있으며 특히 IMF 이후 미용기업 숫자는 계속 증가하고 있다. 따라서 순수 경쟁의 차원을 넘어선 생존경쟁 시대를 맞은 지금 미용기업 경영자들은 새로운 상품과 서비스 개발을 통해 고객을 유치하고자 한다.

기업 생존의 근간은 사람(인재)으로서 즉, 우수인재에 의해 기업경쟁은 시작된다. 경영자의 최대 과제는 우수인재를 어떻게 채용하고 그 인재의 능력을 어떻게 활용하느냐에 초점이 모이고 있다. 왜냐하면, 우수한 인력의 확보와 최대 능력 활용이 기업을 유지. 발전시키는 원동력이 되기 때문이다. 인력계획은 현재 및 장래 각 시점에서 기업이 요구하는 공급 인원수를 사전에 예측하고 결정하며 승진 이동관리, 훈련계획, 임금계획 등과도 밀접한 관련이 있다. 정보화 사회에서는 기업이 가진 지식 자산(그것이 특허로 보호받는 기술이든 특정한 사람에 속해 있는 암묵적 지식이든)자체로 높은 시장가치를 발생시키기 어려우며 또한 가치를 발생시킨다 하더라도 장기간 지속하기 어렵다. 기술진보가 빠르고 여건이 급변하는 미용산업 역시 기업활동 중에 발생한 불확실성은 그것이 발생한 곳에서 최대한 빠르게 흡수되는 것이 필요하다. 이를 위해 종업원들에게 경영자처럼 생각하고 행동하는 리더십이 발휘되기를 요구한다. 이러한 의미는 미용기업의 부가가치 창출에 핵심 역할을 하는 인력이 지식노동으로써 명령과 지시를 통해서는 생산성이 높아지지 않는다. 종업원 스스로 일에 대한 열정을 갖고 적극적으로 임할 때에 생산성이 높아질 수 있기 때문이다.

(2) 미용기업의 인력 기준

미용기업에서는 상황에 따라 능동적으로 대처할 수 있는 능력을 갖춘 인력이 선호된다. 업종과 구체적 직종, 경기상황 등에 따라 업무능력과 이를 나타내는 자격증의 중요성뿐만 아니라 변화에 대한 적응 가능성을 가진 리더십과 혁신을 이끌 수 있는 잠재력 등을 중시한다. 채용에서도 성실하고 근면하며 학력이 높거나 좋은 학교를 나온 인력에 대한 요구는 과거보다 줄어들고 두뇌회전이 빠르고 실용주의적인 사고방식, 언어구사의 유창성, 창의적인 사고 능력 등을 지닌 사람이 선호된다. 이러한 자질을 갖추고 있으면 때로는 성격이 특이하거나 모가 나는 행동도 과거와는 달리 허용되거나 권장되기도 한다. 결국, 실제적 능력과 주도적 성향을 갖춘 인재를 채용하겠다는 의미이다.

① 미용기업에서 요구되는 인재

자신이 결정한 사안에 대해 강한 확신과 추진력을 가지고 업무를 수행하고자 하는 주도성이 있는 인재를 선별하려면 채용방식의 전환이 필요할 것으로 보인다. 우선 서류상으로 나타나는 학력, 경력 등 기술적인 측면만이 아니라 주도적 성향을 갖추고 있는지에 대한 세심한 점검을 가능하게 하는 면접이나 검사가 요구된다. 이에 미용업을 지원하는 자들은 모르는 점을 부끄러워하지 않고 스스럼없이 질문하며 학습함으로써 기존의 선례를 답습하기보다는 자신의 통찰력을 발휘하여 새로운 방식으로 업무를 해결해 나가는 것을 선호해야 한다. 첫째, 성취욕구와 자아 성장욕구가 강해야 한다. 둘째, 새로운 문제에 대해 강한 호기심과 문제를 해결하려는 강력한 의지를 보여야 한다. 셋째, 계획을 세워서 업무를 수행하고자 한다. 회사 업무만이 아니라 장기적인 관점에서 개인의 장래 경력을 관리하고자 하는 명확한 계획과 실천력이 요구된다.

2) 미용기업 경영의 다변화

미용경영의 전문화, 조직적 세분화만으로는 변화해 가는 미용경영 환경을 타파할 수 없다. 세분화되는 미용테크닉 부분을 능동적으로 대처할 수 있는 교육의 특성화를 살려야 한다. 고도의 테크닉과 서비스 매너를 훈련시키고, 직원들의 생활안정 및 자아실현의 욕구 향상과 고객의 만족을 최우선으로 하는 경영이념을 지표로 삼아야 한다. 구성원들이 맡은 업무의 성격에 따라 세분화된 일들을 서로 조화를 이룰 수 있도록 논리적인 방법을 취하며 수준 높은 고객에게 감동을 줄 수 있는 고객 제일주의, 무한책임주의, 고객만족을 향상시키는 행동에 따른 습관화가 요구된다. 1950~1960년대는 소비자가 원하는 제품을 찾아가는 고객 창조 유형이 고조되었으며, 소비자의 관심을 끄는 순간적인 제품과 서비스가 주도하였다. 1970~1980년대 기업과 고객의 관계는 정적이고 일시적인 성격을 띠면서도 고객의 기대와 욕구를 충족시켜 고객에게 만족을 주는 방향으로 변모시켰다. 테크닉만 특출하다면 공급이 수요를 따라가지 못하더라도 경영에는 아무런 문제가 되지 않았다. 1990년대 감성적인 측면에서 고객의 기대와 욕구를 충족시켜 줄 뿐만 아니라 고객의 감성을 자극하는 동시에 동적이며 지속적인 성격이 강화됨으로써 고객감동 시대라는 말로 서서히 표현되기 시작하였다. 또한, 기술보급의 확대에 의해 공급이 수요를 초과하여 고객들의 체험과 함께 테크닉과 서비스 제공 능력을 겸비하지 않으면 경쟁에서 살아남을 수 없게 되었다. 2000년대는 이성적인 측면과 감성적인 면이 결합하여 고객의 라이프스타일을 고려한 작품과 함께 서비스가 제공되는 방향의 동적이며 장기적으로 강화된 시기였다. 이 시기의 마케팅 전략의 초점은 고객들의 행복에 척도를 맞춤으로써 창작 기술 및 기술에서의 주문시대라 할 정도로 개성과 다양성을 추구하는 경향이 강하게 나타났다. 미용분야에서 이러한 상황변화가 반영되어 기술 중심에서 고객들의 라이프스타일에 맞춘 변수로 방향 설정이 이루어졌다.

(1) Convergence 환경변화

컨버전스의 사전적 의미는 융합으로 여러 기술이나 성능이 하나로 융합되거나 합쳐진다는 뜻이다. 따라서 산업 컨버전스란 IT기술의 급속한 성장으로 야기된 필연적인 결과물이라고 볼 수 있다. 컨버전스는 산업간・국가간 경계를 허물고 다양한 분야에서 새로운 시너지 효과를 창출하면서 기업들의 블루오션 전략으로 떠오르고 있다.

첫째, 산업 간 컨버전스를 통해 기존 미용산업 내 제품/서비스로는 창출하기 어려운 고객 효용을 만들어낼 수 있다는 점이다. 편의성 향상을 추구하는 인간의 욕구가 끊임없이 진화하는 가운데 산업 내 혁신을 통한 효용 증대는 한계에 봉착하게 되고, 대신 산업 융합 영역에서 다양한 혁신의 생성과 획기적인 효용 증대가 가능해지고 있기 때문이다.

둘째, 대부분의 기존 산업이 범용화되고 산업 내 생존경쟁이 치열해지면서 기존 산업이 레드오션(핏빛 경쟁의 장)으로 변해가고 있기 때문이다. 기존 산업 내에서 성장 한계에 봉착한 기업들이 경쟁에서 자유로운 새로운 시장공간인 블루오션을 창출하기 위해 타 산업 영역과의 융합을 적극적으로 추진하는 것이다.

융합 영역은 기존 기술만으로는 접근이 어려워 시장 경쟁자가 소수이므로 고부가가치 사업을 창출할 가능성이 크다. 예전과는 달리 소비자들의 기호가 다양해지고 고객기대 만족도 또한 높아지면서 다양한 변화와 혁신의 노력이 산업계 전반에서 이루어지고 있다. 컨버전스는 하루아침에 나타난 특별한 전략이나 트렌드가 아니다. 소비자들의 기호가 다양해지고 수준이 높아지고 장기 불황에 따른 소비심리위축 등으로 최소한의 비용으로 최대의 효용가치를 추구하는 소비태도가 가져온 자연스러운 현상이라고 볼 수 있다. 컨버전스는 산업 전반에 걸쳐 그 적용 범위가 무궁무진하며 더욱더 다양화, 세분화될 것으로 보이고, 남보다 한발 빠른 소비자 태도의 분석과 트렌드 파악을 통한 블루오션 창출만이 치열한 경쟁 체제에서 살아남는 방법일 것이다. 왜냐하면, 불황일수록 히트상품은 더욱더 빛이 나기 마련이기 때문이다.

(2) 미용기술의 환경변화

21세기를 맞아 정보화 및 문명의 발달로 말미암아 다양한 분야에서 급속도로 성장하며 변화하고 있다. 이러한 변화 속에서 미용기업의 입장에서는 환경과 소비자라는 두 경영방식의 중점으로 경영활동이 이루어지고 있는

데 이 두 가지 요소 중 근래의 기업경영에는 대부분 기업은 소비자 중심의 경영 방법을 경영방침으로 사용하고 있는데 이는 기존과 달리 마케팅 비중의 증가와 서비스 산업 및 정보화 산업의 발달로 말미암아 소비자 중심의 시장으로 바뀌어 가고 있기 때문이다. 이 변화에 의해 미용기업들은 누구나가 강조하지 않아도 소비자 중심 경영 위주 시스템으로 변해가 있으며 그 부분에서 경쟁력을 확보하여 다른 기업 간의 차별화를 두려 하고 있다. 미용조직은 주위 환경에서 새로운 기술이 개발되면 그 조직이 존속 또는 발전하기 위하여 요구하는 새로운 관련기술을 받아들이게 된다. 조직이 요구하는 기술은 조직마다 제각기 다르며, 이에 따라 기술적 환경도 달리하게 된다. 기술적 환경을 달리한다 함은 조직에 따라 기술적 환경의 특성이 제각기 다르다는 뜻이다. 이와 같은 미용 기술적 환경의 특성은 조직의 구조와 과정을 결정하는 하나의 중요한 요인이라 하겠다.

02 미용기업의 경영이념 실천

1) 미용경영자의 리더십

(1) 미용기업 경영자의 가치관

경영자의 경영에 대한 마음가짐과 조직의 가치관이 상호 연관되고 체계화되어야 한다. 조직의 가치관이 명확해야 구성원들이 충분히 공감하고 따를 수 있으며, 조직원들의 생활 및 행동에 일관성을 가질 수 있고, 기업에 대한 신념과 자부심을 느끼게 된다. 기업의 원활한 활동을 위해 경영자와 구성원 간의 의사결정이나 의사소통 등에 있어서 업무 방법 및 요령 등이 체계화되고 통일화되어야 조직원들이 긴밀한 상호작용에 임할 수 있게 된다.

미용기업 경영에는 물질적 자원뿐만이 아니라 미용기업목표를 달성시키는 인적자원이 필요하다. 물적 자원은 종속적이고 수동적인 요소로서 첨단기계나 설비 그리고 양질의 원자재 등을 이루고 있다. 인적자원은 인간의 능동적이고 창의적인 의사에 따른 계획에 의해 실행되는 자원으로서 가장 중요하다고 볼 수 있다. 이러한 인적자원은 그 역할에 따라 크게 2가지로 나눌 수 있다. 미용기업의 경영활동이 효율적으로 수행되도록 계획과 통제활동을 통해 기업의 성장을 이끌어가는 경영자 집단과 경영자의 계획에 따라 구체적이며 직접적인 미용기업 활동을 실행하는 종업원 집단이 있다. 이 중 경영자 집단이 상대적으로 종업원 집단보다 중요한 역할을 수행하고 있다고 볼 수 있다. 왜냐하면, 경영자는 미용기업의 방향을 설정하고 체계적으로 조직화하며 실제로 기업목적 달성을 위해 미용기업 활동을 지휘 통제하는 가장 핵심적인 기능을 수행하고 있기 때문이다.

미용기업에서의 요구되는 경영자

- 중·장기적으로 기업운영방침과 관련된 문제를 분석할 수 있어야 한다.
- 대표자로서 사회적 책임을 수행할 수 있어야 한다.
- 전사적 관점에서 기업 내 활동의 상호관계를 이해하고 평가할 수 있어야 한다.
- 미용기업이 의사결정을 할 때 내·외부 환경요소도 함께 분석할 수 있어야 한다.
- 종업원과 인간적 문제를 합리적으로 처리할 수 있어야 한다.

(2) 미용 경영자의 경영이념

미용기업의 경영자로서 바른 경영철학을 갖춘다. 단기적으로는 변화하지 않는 것이 특징이지만 장기적으로는 기업의 발전단계에 따라 변화하며, 기업이 사회적 존재 이유를 표시하고 경영활동을 방향 설정하는 기업의 신조를 말한다. 경영이념은 기업의 신조인 경영목적 달성을 위한 활동을 하려고 구체화할 수 있는 현실적 지침이 되는 것으로 종래 인정되고 있던 영리성, 자본가적 이윤이념은 오늘날에는 현대적 경영을 위한 합리주의・경제성・능률주의 등 기능주의 이념으로 이행하고 있다. 이는 직원들의 만족도와 고객들의 만족도는 비례함으로 직원들의 욕구충족을 먼저 생각해야 한다. 미용기업 규모가 확대되고 경영기능이 복잡해지면서 한 사람의 경영자만으로는 모든 기능을 수행하기가 어려워졌다. 이는 소규모로 창업된 미용업이 시간이 지남에 따라 성장하면서 규모가 확대되었기 때문이다. 미용기업의 경영자가 되려면 먼저 미용업태의 특수성을 충분히 인식하고 조직을 합리적으로 이끌어내어 성과를 높일 수 있는 적합한 리더로서 조건을 갖추고 함께 경영자와 직원 간의 상호보완적 관계를 유지하면서 고객만족을 최우선으로 하여 구성원들의 자아실현 욕구와 기술능력개발에 지속적인 노력이 합리적으로 이루어질 수 있도록 이윤추구의 목표 또한 세워야 할 것이다. 이러할 때 경영자의 모든 것은 문제를 인식하며 행동목표를 설정하고, 정신건강에 중점을 둔 다음 출발하여 실천에 옮겨야 한다.

뷰티 CEO의 정신 및 건강 체크

1. 정신건강

다음 스트레스 점검표를 읽어보고 해당되는 사항에 점수를 체크해보자. 자신에 관계가 없는 항목은 X표, 자신과 관계가 있는 것은 △표, 자신이 심하다고 느끼는 항목은 O표로 체크함.

A. 감정에 대하여

① 사소한 일에도 짜증이 잘 나고 화를 자주 낸다.(　　)

② 마음이 늘 불안하다.( )
③ 무슨 일을 해도 재미가 없다.( )
④ 언제나 불행하고 우울한 느낌이다.( )
⑤ 곧잘 우는 일이 있다.( )
⑥ 슬퍼도 눈물이 나오지 않는다.( )
⑦ 통쾌하게 웃어 본 적이 없다.( )
⑧ 바쁘지 않은데도 마음이 조급하다.( )
⑨ 일에 집중이 잘 안 된다.( )
⑩ 사람을 만나기가 싫다.( )
⑪ 사람들의 반응에 늘 신경이 쓰인다.( )
⑫ 어디론가 떠나고 싶다.( )
⑬ 지금 하는 일이 싫다.( )
⑭ 이사를 하고 싶다.( )
⑮ 하루하루가 지루하다.( )
⑯ 주위 사람들이 모두 없어졌으면 하고 바랄 때가 있다.( )
⑰ 이웃 사람들과 자주 문제가 생긴다.( )
⑱ 사람들로부터 인정을 받지 못하는 느낌이 있다.( )
⑲ 가족이 부담스럽고 자신이 생활에 어려움을 준다고 생각된다.( )
⑳ 모임에 나가면 외톨박이가 된 느낌이 있다.( )
㉑ 과거의 후회스러운 일들이 자꾸만 생각난다.( )
㉒ 도저히 해나가는 방법이 없다고 생각이 든다.( )
㉓ 병에 걸리지 않을까 걱정된다.( )
㉔ 오래 살지 못할 것 같다.( )
㉕ 높은 곳, 넓은 장소, 비좁은 곳 등에 대한 공포감이 있다.( )
㉖ 무언가 자꾸만 하지 않으면 마음이 놓이지 않는다.( )
㉗ 어쩐지 침착하지 못해 가만히 앉아 있을 수 없다.( )

B. 감각에 대하여

① 불이 켜져 있으면 잠을 잘 수 없다.(   )

② 주위가 시끄러우면 짜증이 난다.(   )

③ 시계 초침 소리도 거슬릴 때가 있다.(   )

④ 작은 소리에도 깜짝 놀란다.(   )

⑤ 물건을 사람이나 동물로 착각하여 놀란 적이 있다.(   )

⑥ 남들은 듣지 못하는 소리를 듣는다.(   )

⑦ 남들은 보지 못하는 사람이나 물건을 본다.(   )

C. 면역 기능의 저하에 대하여

① 자주 병치레를 한다.(   )

② 두드러기가 자주 생긴다.(   )

③ 비염이 생겼다.(   )

④ 습진이 나타난다.(   )

⑤ 특이체질이 있다.(   )

D. 자율신경 기능 저하에 대하여

① 이유도 없이 자꾸 긴장이 된다.(   )

② 힘든 일을 하지 않는데도 늘 피로하다.(   )

③ 일을 하면 쉽게 지친다.(   )

④ 자고 나면 팔다리가 아프다.(   )

⑤ 자고 나면 얼굴이나 손발이 붓는다.(   )

⑥ 비가 오면 몸의 컨디션이 나쁘다.(   )

⑦ 어깨와 목덜미가 굳고 뻐근하게 아프다.(   )

⑧ 뒷머리가 자주 아프다.(   )

⑨ 귀 뒤편이 쑤시며 아플 때가 있다.(   )

⑩ 목에서부터 쑤시며 아플 때가 있다.( )

⑪ 다친 적이 없는데 목뼈의 이상을 진단받은 적이 있다.( )

⑫ 자고 나면 허리가 아프다.( )

⑬ 뻗어도 구부려도 다리에 불편한 느낌이 있다.( )

⑭ 잠을 깊이 못 자고 자다가 자주 깬다.( )

⑮ 무서운 꿈 때문에 잠을 깨는 일이 자주 있다.( )

⑯ 편두통이 자주 생긴다.( )

⑰ 야단을 맞으면 몸이 굳어진다.( )

⑱ 손발이 떨릴 때가 있다.( )

⑲ 심하면 글씨가 제대로 써지지 않는다.( )

E. 심혈관계의 긴장에 대하여

① 가만히 있는데도 맥박수가 100번 이상에 이른다.( )

② 혼자 있을 때도 얼굴이 화끈 달아오르며 땀이 날 때가 있다.( )

③ 손발이 차다. 하지만, 찬물을 잘 마신다.( )

④ 머리가 무겁고 심하면 터질 것 같다.( )

⑤ 때로는 흔들릴 때마다 아프다.( )

⑥ 맥박이 뛸 때마다 머리 부분이 콱콱 쑤시며 아프다.( )

⑦ 머리가 맑지 않다.( )

⑧ 의식을 잃은 적이 있다.( )

⑨ 눈앞이 캄캄해지는 일이 있다.( )

⑩ 조금만 움직여도 쉽게 숨이 찬다.( )

⑪ 매운 음식을 먹지 못한다.( )

⑫ 혈압이 높다.( )

⑬ 혈압이 낮다.( )

F. 위와 장의 긴장에 대하여

① 기분이 좋을 때는 많이 먹어도 괜찮지만, 신경 쓸 때는 조금 먹어도 잘 체한다.( )

② 인후로 무언가 치밀어 오르는 것이 있다.( )

③ 구역질이 나거나 토한다.( )

④ 밥맛을 모르고 식사를 한다.( )

⑤ 화가 나면 음식을 마구 먹는다.( )

⑥ 헛배 부르듯이 배가 탱탱하다.( )

⑦ 식후 또는 공복 시 위 부분이 아프다.( )

⑧ 인후에 무언가 걸려 있는 느낌이 든다.( )

⑨ 명치 밑에 덩어리가 있다.( )

⑩ 위산 과다 십이지장 궤양을 진단받은 적이 있다.( )

⑪ 대변이 무르면서도 대변을 볼 때 시원한 느낌이 없다.( )

⑫ 변비나 설사가 있다.( )

⑬ 소변이 자주 마렵고 시원한 느낌이 없다.( )

G. 내분비 기능 저하에 대하여

① 생리주기가 일정치 않고 몇 달씩 생리가 없을 때가 있다.( )

② 생리 양이 보통 때보다 많거나 적어진다.( )

③ 생리 전에 아랫배가 아프고 차다.( )

④ 생리 전에 유방이 딴딴해지며 아프다.( )

⑤ 성욕이 없어졌다. 이성을 보아도 끌리지 않는다.( )

⑥ 갑자기 불감증이나 발기부전이 생겼다.( )

⑦ 낭습(음낭부근에 땀이 차는 것)이 생겼다.( )

⑧ 갑상선 기능항진증이 있다.( )

⑨ 혈당이 높다.( )

⑩ 짧은 시일 내에 급격한 체중감소, 혹은 체중 증가가 있었다.( )

⑪ 육식을 안 하는 데도 고지혈증이 있다.( )

⑫ 손바닥이나 발바닥이 화끈거린다.( )

⑬ 감기가 아닌데도 미열이 있다.( )

⑭ 발바닥이 아프다.( )

⑮ 피부가 건조해졌다.( )

H. 스트레스에 취약한 자에 대하여

① 비만이 있다.( )

② 운동을 거의 하지 않는다.( )

③ 술을 자주 마신다.( )

④ 담배를 매일 피운다.( )

⑤ 최근에 가족이나 친구가 사망하였다.( )

⑥ 최근에 자신이 입원한 일이 있다.( )

⑦ 최근에 가정에 내분이나 불화가 있었다.( )

⑧ 최근에 직장에서 승진 전적 퇴직 등을 경험했다.( )

⑨ 미워하는 사람(원수)이 있어서 보거나 생각하면 화가 난다.( )

⑩ 마음을 털어놓을 친구가 없다.( )

I. 스트레스에 약한 성격에 대하여

① 남에게 일을 시키지 못하고 자신이 모두 도맡아 한다.( )

② 반대의견을 들으면 무시당하는 것 같다.( )

③ 일을 급히 하지 않으면 안 될 때는 머리가 혼란스러워진다.( )

④ 눈치가 없다는 소리를 듣는다.( )

⑤ 일이 잘못되면 두고두고 잊지 못한다.( )

⑥ 언제나 수동적으로 행동한다.( )

⑦ 항상 다른 사람의 일이 마음에 걸린다.( )

⑧ 부탁을 거절하지 못한다.( )

⑨ 자신의 감정을 잘 억제한다.( )

⑩ 유머감각이 없이 고지식하다.( )
⑪ 남의 지시를 받으면 화가 난다.( )
⑫ 생각대로 되지 않으면 화가 난다.( )
⑬ 항상 결정을 잘 못 내린다.( )
⑭ 무슨 일이나 의논을 하고 싶은 상대를 찾는다.( )
⑮ 자신이 싫어진다.( )
⑯ 완전하게 하지 않으면 마음이 놓이지 않는다.( )

* 각 항목마다 X표가 많으면 안심, △가 많으면 스트레스에 대한 경고 반응, O표가 많으면 위험 반응으로 보아야 한다.

2) 미용기업의 양극화

(1) 미용경영의 이익창출

미용기업의 이익 창출은 고객의 욕구를 정확히 파악함으로써 최대로 만족하게 하려고 더욱 공격적인 홍보를 하거나 광고 마케팅을 통한 사업전략을 펼침으로써 이루어진다. 미용기업에서 1970~1980년에 유행이었던 것이 바로 드라이와 곱슬머리 그리고 파마였다. 자연스러운 분위기를 연출할 수 있는 파마가 유행하리라고 예측한 사람은 그렇게 많지 않았다. 이후 1990년 중반이 지나 유행한 미용기술 매뉴얼은 곱슬머리를 스트레이트로 파마하는 것이었다. 이처럼 고객들의 욕구와 만족을 자극하는 새로운 매뉴얼이 등장하고 있다. 21세기에 유행하리라고 생각하는 미용기업의 매뉴얼은 두피 및 모발관리로서 헤어케어가 상당히 강조된 것이다. 이처럼 새로운 매뉴얼들은 시대에 맞추어 지속적으로 등장하고 있으며, 또한 빠르게 교체되거나 변모되고 있다. 다른 미용기업에서 새로운 매뉴얼을 받아들이고 고객에게 시술하고 난 뒤 전망이 불투명해지고 호응도가 낮아 고민할 때 이미 그 시대의 유행의 흐름은 지나가는 것이다. 쉽게 변모하는 변화의 흐름에 발 빠르게 대처하는 사람이 고객을 한 명이라도 더 유치할 수 있는 미용기업이 될 것이며 이것이 수익과 직결될 것이다. 21세기를 맞이하는 미용경영환경에서의 미용기업의 활성화 방안은, 앞에서 기술한 내용도 물론 미용기업을 활성화하기 위한 구체적인 전략으로 중요한 의미가 있지만, 무엇보다 중요한 것은 미용을 진정한 예술로서 자신의 평생 직업으로 사랑하는 마음일 것이다. 이런 미용에 대한 열정과 마음가짐이 기초가 되어 미용기업을 경영할 때야말로 우리의 미용 수준은 한층 더 향상될 것이며, 미용기업에 종사하는 한 사람 한 사람이 미용업계를 짊어지고 갈 든든한 버팀목이 될 것이다.

선배 미용인은 미용에 꿈을 가지고 열심히 공부하는 후배 미용인들에 미용의 비전을 보이고 발전하여 가는 모습을 보이려고 부단한 노력을 해야 할 것이며, 이들이 진정한 한국 미용기업의 발전을 이루는 초석이 될 수 있도록 독려할 수 있는 격려 자가 되어야 할 것이다. 경영자의 자질로서 미용경영 전반에 관한 전문적 지식을 갖춰야 하며 실행할 수 있는 분석능력을 갖추고 문제 해결을 할 수 있어야 한다. 입지선정과 상권을 고려해서 창업할 수 있는 제대로 된 수준을 갖추면 실패가 없지만, 소자본과 제대로 연마되지 못한 테크닉의 실력을 갖추고 가격 인하와 같은 단기간의 승부수에 초점을 맞추게 된다면, 본인뿐만이 아니라 주변업소까지 퇴보시키는 문제를 일으킬 수 있다. 덜 갖추어진 테크닉과 지식정보로 박리다매하는 대형 미용업소와 영세성을 면치 못한 소형미용업소가 그 한 예이며, 양보다 질이 앞서야 하는데 질보다 양이 앞선 결과를 가져오다 보니 발전이 있을 수 없고, 제대로 기술교육 및 지식정보를 두루 갖춘 대형 미용업소들과는 반대의 상황으로 치닫는 양극화 현상의 원인이 되고 있다.

(2) 성공하는 사람의 행동과 특성

성공하는 사람과 실패하는 사람

성공하는 사람	실패하는 사람
자기의 실수는 솔직히 인정한다.	실수를 남의 탓으로 돌린다.
열심히 일하며 시간적 여유를 갖는다.	항상 분주하고 정작 필요한 일은 못한다.
실패를 두려워하지 않는다.	성공까지도 은근히 두려워한다.
싸워야 할 일과 타협해야 할 일을 안다.	안 싸울 일은 싸우고 싸워야 할 일은 타협한다.
자신을 반성하고 발전의 길을 나간다.	후회하면서도 같은 실수를 반복한다.
남들이 존경해 주기를 바란다.	남들이 존경보다는 좋아해 주기만을 바란다.
더 좋은 해결의 길이 있음을 믿는다.	'이 방법뿐'이라면 노력하기를 포기한다.
자기보다 나은 사람을 존경하며 그에게서 무엇인가 배우려 한다.	나보다 나은 사람에게 적의를 품고 그의 약점만 찾으려 한다.
항상 자기 분수를 지킨다.	성급하거나 느릴 뿐이다. 분수를 전혀 모른다.
행동이 먼저 말은 다음에	말이 먼저, 행동은 실패하기 일쑤
남에게 피해를 주지 않는다.	모르는 사이에 남에게 상처만 입힌다.
받는 것보다 주는 것이 더 많다.	성공은 주는 것보다 받는 것의 환상에 잡혀 있다.
실패하면 자신을 나무란다.	실패하면 '정책'이나 '운명'을 탓한다.
낙관적이며 열성적이다.	비관적이며 냉소적이다.
모든 규칙을 지킨다.	성공과 실패의 규칙이 따로 있다고 믿는다.
어려운 상황에 닥칠 때 자신의 부족을 두려워 않는다.	어려운 상황이 닥칠 때 자신의 부족함을 인정하지 않는다.
어떤 일에나 진지하고 호의적이다.	진지할 줄 모르고 가시적이다. 헛웃음이 많다.

즐겁게 일하고 내일을 위해 힘을 저축한다.	마지못해 일하며 힘을 낭비한다.
목표를 향해 달리며 한눈팔지 않는다.	목표를 뚜렷하게 정하지 못한다.
강자나 약자나 똑같이 친절하게 대한다.	강자에게 약하고 약자에게 강하다.
자신의 용모에 많은 신경보다 항상 단정하다.	자신의 용모에 대해 지나치게 자신감을 갖거나 열등감을 가지고 있다.

Chapter 03

미용창업을 위한 프로세스

01 미용기업 창업의 개념

02 미용기업 성공을 위한 전략계획

eauty Administration & Customer Relationship Management

경영을 하는 본연의 목적을 재발견

① 진정한 경영 목적을 재발견한다.
② 기업은 사회에 기여하는 바에 초점을 맞춘다.
③ 더욱 넓은 시각을 기른다.(기업이 경영 이외에 무엇을 할 수 있는가?)
④ 고객과 직원의 열정을 고려한다.
⑤ 언행일치를 추구한다.

- 패트릭 딕슨(Patick Dixon) 경영 컨설턴트

Chapter 03 미용창업을 위한 프로세스

01 미용기업 창업의 개념

1) 미용기업 창업의 정의

미용창업은 새로운 미용기업을 설립하는 데 그 의미가 있으며 정의를 내리자면, 미용기업의 창업자가 이윤을 얻고자 고객의 욕구를 만족하게 할 사업 아이디어를 가지고 자본을 동원하여 특정한 상품이나 서비스를 생산하는 기업을 설립하는 일을 말한다. 창업을 위해서는 기본적으로 창업자, 자본, 사업 아이디어의 세 가지가 충족되어야 한다. 미용창업은 부를 축적하기 위한 개인적 수단이기도 하지만 더 넓게 보면 경제적으로 발전하는 사회를 만들어 실업문제를 해결할 수 있는 근본적 수단이며, 기술과 서비스를 생산해내는 조직적인 시스템을 설립하는 행위를 말한다.

(1) 미용창업자

미용창업자는 건강해야 한다. 1일 10~12시간 이상 정신적, 육체적 노동을 감당해야 하기 때문이다. 인내력이 강한 사람이라야 한다. 손님들은 각양각색. 항상 '소비자는 왕'이라는 기본개념을 갖고 임해야 한다. 또한, 일정 매출이 오르기까지는 어느 정도 시간이 필요한데 그동안 견딜 수 있는 정신력이 필요하다. 미용 창업자는 기업을 이끌어가는 능동적인 창업의 주체이다. 그러므로 미용창업자의 기술, 재능, 지식, 경험, 창의성, 발휘능력, 자기개발을 하려는 욕구 등은 설립되는 미용기업의 효율성, 미용기업 환경의 적응력, 조직구성원을 관리할 수 있는 인간관계 능력 등에 영향을 미치는 가장 중요한 부분이며, 창업자는 반드시 사업아이템의 개발자일 필요성은 없지만, 사업아이템의 출처가 누구이든 그것을 기초로 자본을 동원하여, 이 모든 일을 적절하게 결합시킨 시스템을 만들고 미용기업을 설립하고자 하는 프로그램화된 기능을 발휘하도록 관리하는 역할을 해야 한다. 이러한 자신의 능력, 가치관 등이 미용기업의 성패와 효율에 지대한 영향을 미친다는 사실을 중요한 요소로 받아들이고, 현실적인 실행에 옮겨 미용기업을 설립하는 사람이 미용창업자이다.

Tip

국세 납세보호실에서 '창업자 멘토링 제도'는 생애 최초로 창업하는 사업자가 세무부담을 느끼지 않고 사업에 전념할 수 있도록 세무행정 전반에 대한 맞춤형 서비스를 제공하는 것을 말하는데, 단순한 안내나 상담수준의 서비스가 아닌 창업자(멘티)가 일정 수준의 세무지식을 갖출 때까지 멘토링을 수행하는 것이며, 창업 준비부터 장부기장, 세금신고, 권리구제에 이르기까지 창업자 스스로 세무업무를 수행할 수 있도록 하는 것을 목표로 운영하고 있다. 멘토는 영세납세자지원단 소속 내부, 외부 세무도우미로 구성되어 있고, 멘토링을 희망하는 납세자는 '멘토 지정 신청서'를 작성하여 세무서 납세자보호실에 제출하시면 신청서를 접수한 납세자보호담당관은 영세납세자지원단 중 적합한 내・외부 세무도우미 각 1명을 지정하게 된다. 창업자 멘토링 대상자는 신규로 개업하는 사업자 중 세무대리인이 선임되어 있지 않은 모든 개인 일반사업자(법인사업자, 부동산임대업자, 등은 제외)이며, 멘토링 기간은 멘토링 지정일로부터 최초로 종합소득세 확정 신고를 마칠 때까지(최소한 부가가치세와 종합소득세 확정 신고를 각 1회 정도 할 때까지)로 하고 있다.

(2) 창업 자본

초기 창업자금을 최소화하는 것이 좋다. 사전개업 준비자금, 고정자본, 운전자금 등으로 구분, 예산을 집행해야 차질을 줄일 수 있다. 총 자금의 20% 정도는 예비비로 꼭 갖고 있어야 한다. 남의 돈을 빌려 사업을 하게 되는 경우, 총비용 중 30%를 안 넘게 하는 것이 좋다. 최소한 점포비용은 자기 자본으로 하여 이자 부담을 줄여야 사업이 궤도에 오를 때까지 운영할 수 있다. 미용창업자가 의도하는 자본은 미용기업을 설립하는 데 필요한 점포, 미용기술인력, 인테리어, 미용기구, 원자재 등을 동원하는데 포괄적으로 이용되는 창업을 위한 원천적 자원이다. 미용창업 자본을 제공하는 사람은 자신 스스로 출자일 수 있고, 다른 창업자본가나 모험자본가 될 수도 있으며 또는, 단순한 자본가로 분류될 수 있다. (창업자본가는 개인 투자자일 수도 있고, 정부 · 금융기관 또는 창업자본회사일 수도 있다.)

(3) 업종 선정

창업이란 특정한 사업아이템에 의해 이익을 창출할 수 있다는 확신이 있을 때 시작해야 한다. 고유 업종의 실생활에 반드시 존재해야 할 업종으로 미용실에 대한 이익 창출에 대한 확실한 데이터가 수립이 된 상태에서 창업해야 한다. 이러한 미용사업의 아이템은 미용기업이 무엇을 사업의 주 메뉴로 할 것인가를 결정해야 하는 것을 의미하는 뜻으로 생각해야 한다. 반드시 획기적인 기술을 통해 개발되는 상품(작품)이나 서비스이어야만 하는 것이 아니라, 고객을 감동시킬 수 있는 작은 서비스일지라도 이를 개발해서 사업화할 수 있다면 역시 훌륭한 창업이 될 수 있기 때문이다.

2) 입지선정 및 상권고려

(1) 입지선정

소점포 사업은 입지사업, 정확한 상권분석 후 입지선정을 해야 실패 확률을 줄일 수 있다. 제조업일 경우는 제품성이 중요하지만, 소점포 사업에서는 제품성보다 상권이나 입지가 더 중요하다. 소점포 사업에서 점포위치와 업종의 중요도에 따른 비중을 보면 7 : 3 정도. 그만큼 점포비중이 세다는 얘기다. 미용기업의 입지는 경영활동이 이루어지는 장소로서 미용기업을 창업할 때에는 물론 기존의 입지를 다른 곳으로 이전하게 될 때도 이상적인 입지를 검토해야 한다. 미용 경영에 필요한 장소가 중요한 이유는 70~80%가 입지조건에 의해 성공 여부가 결정되기 때문이다.

미용기업의 구조적 환경 변화를 정확하게 파악하고 미용기업 활성화 전략이 수립된 무한한 성장 발전의 목적을 달성하려면 입지선정은 최우선으로 적용된다. 유동인구가 많아 주변상권이 활발하여야 하며 주택가와 아파트가 밀집되거나 점포 주변 500m 이내에 대학교와 역세권이 편입되어 있어야 한다. 또한, 출근보다 퇴근길에 고객 접근이 쉬우며 경영자가 사는 곳에 가까운 차량 진입이 쉬운 최상의 상권을 갖춘 이상적인 입지선정은 소비심리, 소비형태, 고객의 취향, 창업자의 사업계획 규모와 형태, 능력에 따라 달라진다.

(2) 상권고려

상권고려는 상권의 범위를 설정하고 그 상권 주변의 경쟁상황을 감안하여 상업대상의 고객이 존재하는 공간과 시간적 범위에 자기의 영업력이 미치는 범위를 말한다.

상권이란 점포가 소비자를 내점시켜 얻는 한계점을 연결한 선으로서 상권이 넓거나 크다 혹은 좁거나 작다고 말하지만, 상권의 광협(넓고 좁음)은 소비자의 내점이 쉬움(교통편 및 거리)과 소비자에게 주어지는 효용(만족)의 가치 등의 요소가 상대적 관계로 결정되어 진다. 점포를 마련하고 고객의 내점을 기대하는 영업을 하게 되면 내점객의 점포에 대한 내점 횟수는 점포와 가까울수록 많고 멀수록 적다. 이러할 때 소비자에 대한 점포의 만족도가 없다면 내점객의 범위는 좁아진다. 거리가 멀면 소비자에게는 시간적, 경제적, 정신적 부담이 커짐으로 어느 일정 선을 넘으면 그 점포만의 특징 있는 매력이 있어야 한다. 즉, 소비자가 여러 가지 부담을 각오하고서도 그 이상의 매력이 그 점포에 존재한다면 소비자는 그 점포로 발을 옮긴다는 부가적인 경영이 뒤따른다. 그러므로 점포의 위치를 신중하게 선정하는 것은 곧 창업이 성공하느냐 실패하느냐를 결정지을 만큼 중요한 절차라고 말할 수 있다.

① 상권이 갖는 입지 조건

㉠ 점포 주변 주민들의 소득 수준, 성별, 나이 등 사업성이 있는가?
㉡ 건물위치가 언덕 위에 있거나 점포 맞은편에 동일업종의 점포는 없는가?
㉢ 자기 점포주변에 더욱 큰 규모의 점포가 호황을 누리고 있는가?
㉣ 건물의 상태가 낙후되어 업종이나 주인이 자주 바뀌는가?
㉤ 주차장 완비와 소방시설 여부를 확인했는가?
㉥ 임대료나 권리금이 유난히 비싸거나 혹은 싼 점포인가?
㉦ 점포의 층수와 업종과의 상관관계 및 전면의 폭이 넓은 상가인가?
㉧ 영업의 적합성 여부, 급수시설, 배수시설 환기 및 전기 등을 확인했는가?
㉨ 고객의 주 동선 오른쪽의 위치 및 출입문 방향이 어느 쪽인가?
㉩ 계약서 상의 기재 내용 재확인 및 점포에 대한 법적인 권리를 확인했는가?

② 상권 결정의 포인트

㉠ 업종의 종류

㉡ 사업장의 크기

㉢ 경영수완

㉣ 상권구분의 물리적 요소 등에 의해 결정된다.

3) 미용 창업자의 적성 및 의지

(1) 미용 창업자의 의지

사업에 성공하려면 무엇보다 자기 자신의 능력과 현재의 위치를 냉정하게 판단하고, 창업에 대한 충분한 준비기간과 사업에 앞선 철저한 검증이 필요하다. 일반적으로 창업자 대다수는 지나치게 서두르는 경향이 있다. 개점 시기나 일자가 조금 지연되는 것은 문제가 되지 않는다. 오히려 준비부족 상태에서의 창업이 많은 시행착오를 낳는다. 주변정보의 충분한 활용을 통한 완벽한 준비가 곧 절반의 성공임을 명심해야 한다.

창업자는 창업의 3대 요소가 결합하여 사업과 관련된 특정 기술이나 아이템에 의해 미용기업을 설립하게 된다. 그 이유는 각자의 자신감을 느끼고 협동적 노력을 통하여 인간의 욕구를 효율적으로 충족시켜 줄 수 있다고 믿기 때문이다. 그러나 미용창업을 누구나 할 수 있는 사업으로 착각하고 쉽사리 창업을 한다면 큰 시행착오를 겪을 수 있다는 점을 항시 염두에 두어야 한다. 그러므로 미용기업에 관련된 전문 기술력과 창의력을 발휘할 능력이 남보다 앞서야 리더에 힘이 된다. 또한, 고객의 욕구를 최대한 만족하게 해 이익을 창출하게 해주는 고객만족 경영을 최우선으로, 고객확보에 역점을 두고 고객을 확보해야 한다. 확보된 고객을 체계적으로 관리하는 것을 전제조건으로 생각해야 하며, 조직적 시스템 구축 능력과 새로운 지식을 습득하려는 자기개발의 욕구가 강하게 있어야 한다.

미용창업자의 덕목

1. 고객만족을 위한 질 높은 시스템을 구축하라.
2. 내부고객(직원)을 위한 교육훈련의 프로그램을 연구 개발을 해라.
3. 고객의 욕구를 파악하고 진심으로 관심을 가져라.
4. 고객을 나의 스승이며, 나의 상사로 모셔라.
5. 고객의 아름다워지기를 요구하는 마음을 만족하게 해라.
6. 고객이 불만을 표시하면 친절하고 감사하는 마음을 가져라.
7. 창업한 사업을 통해 꿈을 이룰 수 있다는 확신을 하고 있어야 한다.
8. 창업 준비자금과 운영자금을 충분히 확보하고 있어야 한다.
9. 창업에 대한 마인드와 기업가 정신으로 무장되어 있어야 한다.
10. 의사결정과 위기관리 능력을 갖추고 있어야 한다.
11. 사업이 정착될 때까지 역경과 고통을 이겨낼 각오가 되어 있어야 한다.
12. 본인의 경험과 관리능력 수준을 파악할 필요가 있다.
13. 본인의 사회적 건전성과 도덕성이 확보되어 있는지 확인해보아야 한다.
14. 정신과 육체가 모두 건강한지 판단해 볼 필요가 있다.
15. 경영책임자로서 통찰력과 리더십을 갖추고 있는지 반문해 보아야 한다.
16. 법률적 지식에 대한 이해는 어느 정도인지 알아볼 필요가 있다.
17. 판단과 생각에서 일관성을 유지하여 흔들림 없는 성격인지 반문해 보아야 한다.
18. 종업원을 가족처럼 진정으로 사랑할 자세를 갖추고 있어야 한다.
19. 서비스 정신으로 새롭게 태어날 각오가 되어 있어야 한다.
20. 눈앞의 이익보다 장기비전에 비중을 두고 사업의 메커니즘을 이해할 수 있어야 한다.
21. 창업 준비자금과 운영자금을 충분히 확보하고 있어야 한다.
22. 돈과 양심 중 어느 쪽을 택할 것인가의 기로에서 기꺼이 양심을 택해야 한다.

(2) 창업 진단 테스트

당신의 성격으로 창업에 적합한지 자신에게 해당하는 항목에 표시해 보자. (이 설문은 MBTI 적성검사 문항을 토대로 작성한 것, 항목당 1점.)

1. 듣기보다 말하는 것을 즐긴다. ( )
2. 폭넓게 사람들과 교제하는 편이다. ( )
3. 다양한 분야에 관심이 많다. ( )
4. 행동하기 전에 심사숙고하는 편이다. ( )
5. 혼자 조용히 있는 시간이 편하다. ( )
6. 다른 사람들의 관심을 받는 것을 좋아한다. ( )
7. 시끄러운 장소에서도 잘 집중한다. ( )
8. 사람들과 함께 어울리는 시간이 편하다. ( )
9. 활달하다는 말을 많이 듣는 편이다. ( )
10. 여러 사람과 사귀기보다는 마음에 맞는 친구 1명과 깊이 사귄다. ( )
11. 내가 먼저 말하기보다는 다른 사람의 말을 경청한다. ( )
12. 자신에 대한 얘기를 잘하는 편이다. ( )
13. 성미가 급하다. ( )
14. 기분에 따라 얼굴 표정이 잘 변한다. ( )
15. 낯선 환경에 적응하는 데 보통 사람들보다 더 시간이 걸린다. ( )
16. 벌여 놓은 일은 꼭 마무리 짓는다. ( )
17. 자기과시형이다. ( )
18. 대화를 나누다 꼭 옆길로 샌다. ( )
19. 대화가 옆길로 새는 것을 못 참는다. ( )
20. 대화 도중 남의 말을 가로막는 편이다. ( )
21. 정리 정돈을 잘한다. ( )

22. 착하다는 말은 어리숙하다는 말처럼 들려 기분 나쁘다. ( )
23. 정리하기보다는 항상 물건을 쌓아두고 지낸다. ( )
24. 극장표나 차표 등을 버리지 않고 꼭 모은다. ( )
25. 항상 메모하는 습관을 지닌다. ( )
26. 유행에 민감하다. ( )
27. 귀가 얇은 편이다. ( )
28. 마음만 먹으면 무슨 일이라도 잘해낼 자신이 있다. ( )
29. 쓰던 물건에 싫증을 곧잘 느낀다. ( )
30. 고집이 세다고 주변 사람들이 말한다. ( )
31. 자신이 필요하지 않은 물건은 남에게 준다. ( )
32. 비극적인 결말의 이야기를 해피엔드로 개작하는 상상을 한다. ( )
33. 학창시절, 문제집을 사면 꼭 끝까지 풀었다. ( )
34. 주변 사람 모두에게 관심을 가지고 있다. ( )
35. 실용적인 물건을 좋아한다. ( )
36. 큰일이 닥치면 침착하게 대처한다. ( )
37. 구체적이고 확실한 사실만 믿는다. ( )
38. 새로운 지식이나 이론, 기술을 배우고 싶어 한다. ( )
39. 머리스타일이나 옷차림, 집안 장식에 변화를 주는 것을 좋아한다. ( )
40. 자신의 영감에 확신을 한다. ( )
41. 미래지향적이다. ( )
42. 가끔 엉뚱하다는 핀잔을 받는다. ( )
43. 지극히 상식적인 사람이라는 소리를 들은 적이 있다. ( )
44. 식당에 가면 남들이 주문한 것을 그대로 시킨다. ( )
45. 돈이 없어 집세나 공과금을 내지 못한 적이 있다. ( )
46. 눈물 젖은 빵을 먹어본 적이 있다. ( )
47. 늘 모든 것에 감사하는 마음이다. ( )
48. 감상적이고 비논리적이라는 오해를 받는다. ( )

49. 재치 있다는 소리를 듣는다. (   )
50. 소설보다 자서전을 읽는 것이 좋다. (   )
51. 남들은 대수롭지 않게 생각하는 것을 세세한 일까지 기억하는 편이다. (   )
52. 남의 실수를 잘 꼬집는다. (   )
53. 자신이 한 실수를 스스로 잘 인정한다. (   )
54. 남들 흉내를 잘 내는 편이다. (   )
55. 사랑의 고백도 부끄럼 없이 직접 말로 한다. (   )
56. 논리적인 사람이라는 말을 들으면 기분 좋다. (   )
57. 로또복권에 매주 응모한다. (   )
58. 사교적인 시간을 보내기 위한 모임에 자주 참석한다. (   )
59. 다혈질이라는 소리를 듣는다. (   )
60. 경제적 여유와는 상관없이 남을 돕는 일을 하고 싶다. (   )
61. 건설적인 의도라도 비판의 말은 삼간다. (   )
62. 낭만적인 사람이기보다 냉정한 사람이 되고 싶다. (   )
63. 항상 결정을 나중으로 미룬다. (   )
64. 새로운 것을 시작하는 것을 꺼린다. (   )
65. 매달 목표를 세운다. (   )
66. 이국적인 음식을 먹어보는 것을 즐긴다. (   )
67. 늘 먹던 것만 먹는다. (   )
68. 한번 결심한 일은 끝까지 해낸다. (   )
69. 노는 것보다 해야 할 일이 먼저다. (   )
70. 새해 결심은 언제나 작심삼일로 끝난다. (   )
71. 새로운 환경에 잘 적응한다. (   )
72. 다른 사람에게 아쉬운 소리는 못 한다. (   )
73. 제일 친한 친구에게 돈을 빌린 적이 있다. (   )
74. 아무리 절친한 친구라도 돈거래는 절대 안 한다. (   )
75. 원리원칙대로 하는 것이 마음 편하다. (   )

76. 성공신화를 이룬 사람들 이야기에 관심이 많다. ( )
77. 자신이 원하기보다는 판매원이 적극적으로 권하는 상품을 산다. ( )
78. 일의 마감 날짜를 꼭 지킨다. ( )
79. 자신의 일과 관련되어 만난 사람들은 꼭 기억한다. ( )
80. 결과보다는 일을 이루어가는 과정이 더 중요하다고 믿는다. ( )

➡ 60점 이상이면 A형
➡ 60점 미만이면 B형

A형

성취동기가 넘치는 행동형으로 창업에도 충분한 능력을 발휘한다. 당신은 사교적이며 다양한 활동에도 열성적인 사람이다. 인내심도 강하며 자신과 다른 의견에 대해서도 포용하는 성격이므로, 자신의 의견을 남에게 강요하지 않는다. 하지만 말솜씨가 좋고 화제가 풍부해서 어색한 분위기를 화기애애하게 반전시킨다. 또한, 어디를 가도 대화를 주도하며 수완이 좋아서 당신이 제시한 안건을 받아들이도록 다른 사람의 마음을 움직이는 능력이 있다. 정보수집을 좋아하고 이를 매개로 여러 가지 아이디어를 창출해 낸다. 협상에 임해서는 쌍방의 입장을 고려한 절충점을 능히 도출해 내어 협상의 완성도를 높인다. 이론적 지식으로 얻는 것보다는 직접 몸으로 부딪쳐 얻는 경험을 더 중시한다. 상대방과 관련된 구체적인 사실까지 기억할 만큼 우수한 기억력을 지니고 있다. 따라서 합리적인 판단능력과 원만한 대인관계, 혁신적인 아이디어를 요구하는 창업 분야에서도 당신의 능력을 충분히 발휘할 수 있는 준비된 창업자이다.

B형

성실한 자기 내실형으로 회사 내에서 뛰어난 직원으로 인정받고 있다. 당신은 겉으로는 온화하지만 속으로는 뜨거운 열정을 지닌 사람이다. 조직이나 상사, 선배를 위해 충심으로 일하면서 자신과 가족에 대한 책임감도 뛰어나다. 자신에 대한 높은 기대치와 원칙을 내면에 간직하고 있기 때문에, 기대를 충족시키기 위해 자신을 혹사할 가능성이 많다. 늘 일을 찾아서 열심히 매진하므로 주변에서 일 욕심이 많다는 말을 듣는다. 외면적인 평온함 때문에 자신의 강렬한 의지를 밖으로 잘 표출하지는 않지만, 이상을 같이하는 사람에게는 마음의 문을 열고 절친한 친구가 된다. 말로 하는 것보다는 글로 표현하기를 좋아하며 논리적이며 개성 있는 글을 완성한다. 다른 사람의 입장을 배려하는 타입이어서 사람들과 대립하거나 갈등하는 일도 적다. 자신이 관심분야에 관한 일은 시간이 걸리더라도 꼭 완성해 낸다. 따라서 당신은 뛰어난 통찰력을 소유하고 있으며 특유의 끈기를 발휘해 자신의 이상을 실현하여 결국에는 자신의 조직 내에서 유능한 리더로 인정받을 것이다.

02 미용기업 성공을 위한 전략계획

1) 현재 상권과 성장가능성 전망

외부환경을 통하여 상호작용을 하며 영향을 받고 영향을 주기도 하는 가운데, 모든 사업장의 규제 완화로 말미암아 미용사업 역시 자유경제체제에 선의의 경쟁의식이 강조되고 있다. 오늘날처럼 급격하게 변화되는 환경에서는 미용기업을 둘러싸는 환경요인을 정확히 분석하여 시장동향과 라이벌 경쟁조건을 정확히 파악해야 하며, 인구증가와 주거상황과 소득수준 상승이 기대될 수 있는 상권인가, 세대수와 유동인구수는 얼마나 되는가, 상권변화의 가능성과 주변 동종 대형업소의 경영 상태는 어떠한가, 대형업소가 들어설 가능성은 있는가, 지역상권이 성장기인가를 파악해야 한다.

- 주변지역 특성을 파악하라.
- 상권 안의 영업의 대상 층을 파악하라.
- 유동 인구수를 확인하라.
- 접근성과 이용률을 고려하라.
- 역세권을 잡아라.

(1) 상권의 체크포인트

- 인근 상점가의 동종업종 및 대형업종 등의 영업 상태와 상권변화는 어떠한가?
- 상권 내의 주거상황과 유동인구와 세대수 등 만족할 수 있는 상권인가?
- 대형업소가 들어설 가능성 및 경쟁상대가 들어올 수 있는 상권인가?
- 상권 주변지역이 성장기인지 쇠퇴기인지 판단이 서 있는가?
- 경쟁업소의 위치와 영업 상태는 경쟁에서 승리할 수 있는가?
- 고객 수가 증가하리라고 기대가 되며 이익을 창출할 수 있는가?
- 상권 주변위치가 경사진 곳과 건너편 라인의 상권이 살아 있는가?

2) 미용기업 창업운영 및 자금계획 설정

(1) 창업에 자본금은 절대우선

미용기업 창업자 창업성공의 기본조건에서 자본금은 창업에 절대적으로 우선이 되어야 할 부분이다. 제아무리 좋은 아이디어 상품을 개발했다 하더라도, 충분한 자본금이 확보되지 않으면 실행할 수 없는 것이 현실이다. 예를 들어, 해가 갈수록 급변하는 경영환경과 세계적인 불황의 여파로 말미암은 내수경기의 침체 등 여러 가지 주변 환경을 무시한 채 턱없이 부족한 자본금으로 무리수를 두어 전문분야의 10년 혹은 20년이라는 경험만을 가지고 70% 이상 사채에 의존한다면 80% 이상 위험 부담을 안고 창업을 하는 것과 진배없는 상황이다. 다년간의 통계자료에 의하면 미용업을 개업하고 2~3년 이내에 폐업된 사례가 50~60%를 넘어선다는 분석이 이를 뒷받침한다. 창업자의 경영능력 부족과 입지선정 및 상권분석의 실패로 경영환경을 능동적으로 대처하지 못한 점도 있지만, 원활하지 못한 운전자금으로 말미암아 모든 사태가 종결되게 된다. 실패를 줄일 방법은 오랜 숙련된 기술과 정열적인 노력으로 열심히 하고자 하는 의지도 중요하겠지만, 그와 더불어 성공적인 창업이 되기 위한 충분한 창업자금이 선행되어야 한다. 최소한 50~60%의 자본금이 먼저 확보된 상태에서 부족한 부분은 (소상공인 지원센터. 근로복지공단. 여성경제인 협회. 은행대출)등 직접 방문 상담요청을 받고 장기 저리로 창업자금을 대출받을 수 있다. 창업을 시작하는 일이 중요한 것이 아니고 창업을 성공으로 이끌어 가는 계획을 세우는 일이 더욱 중요하다는 데 초점을 맞추어야 한다.

Chapter 04

미용경영의 특성 및 의식개혁

01 미용기업 내 직업의식의 고취

02 직원교육훈련 및 미용기업의 혁신변화

시장에서 성공하기 위한 기업의 6가지 과제

① 잠재력은 무한하지만, 경쟁사는 없는 시장에 집중하라.

② 신속하게 그리고 크게 시장에 발을 들여 놓아라.

③ 독점적인 위치를 확보하라.

④ 가능한 한 모든 수단을 동원해 독점적인 위치를 유지하라.

⑤ 가능하면 마진폭을 최대화하라.

⑥ 고객에게 거부할 수 없는 제안을 제시하라.

- 빌게이츠(Bill Gates) 공상가

Chapter 04 미용경영의 특성 및 의식개혁

01 미용기업 내 직업의식의 고취

미용기업은 전문적인 미용기술지식을 기반으로 기술적인 수요를 담당하는 직업이다. 기술자는 업무적인 특성에 따라 다양하게 세부적으로 나눌 수 있다. 미용기술자가 가져야 할 직업의식과 창의력을 가지고 맡은바 최고가 되려고 새로운 기술을 연구 개발하는 데 주력하며 해당 미용기술의 선진화에 힘쓴다. 목표의식을 가지고 새로운 미용기술의 실용화에 힘쓴다. 틈새시장을 노려 남들이 하지 않는 새로운 미용기술 분야를 부단히 개척하고자 노력해야 한다.

1) 미용인의 자질개선

우리 미용인은 척박한 황무지였던 미용 산업을 개척하여 오늘날 후배들의 숨은 기량을 마음껏 펼쳐 나갈 수 있도록 길을 다듬어 주신 선배님들께 보답하는 뜻에서 미용인으로서의 자부심과 긍지를 가지고 나 자신을 다스려 현 미용산업을 계승 발전시켜 나가야 한다. 자신을 스스로 다스릴 줄 아는 사람만이 다른 사람을 다스릴 수 있는 권리를 누릴 수 있다. 자기 자신을 다스린다는 말은 양심에 따라 사고하면서 자기 몸을 잘 운전하여 인생의 안전운행을 하는 것을 말한다. 자신을 안다는 것은 곧 자신의 발전이기도 하다. 나를 알면 겸손하고, 부지런하고, 진실하고, 사명감 있는 지도자가 되기도 한다. 우연히 성공하거나 실패한 사람은 없다. 또한, 우연히 행복하거나 불행한 사람도 없다. 모든 결과에는 분명한 이유가 있다. 성공하고 행복해지길 원한다면 바람직한 인간관계를 형성하고 유지하여야 한다.

성공과 행복은 인간관계에 의해서 좌우된다는 것을 분명히 새겨야 하며, 미용인으로서의 자부심을 느끼고 고객은 감성적 존재이며 서비스란 사람과 사람의 따뜻한 관심이자 배려임을 잊지 말아야 한다. 고객과의 만남으로부터 시작해서 고객이 보이지 않는 마음까지 읽어내는 고도의 감성 테크닉을 키워나가야 한다. 또한, 현재의 고객뿐만 아니라 미래의 고객에게도 최선을 다하는 마음가짐이 필요하다. 고객들을 무조건 띄워 주거나 복종하는 것만이 서비스가 아니다. 단정한 옷차림과 자신감 넘치는 말투, 세련된 매너, 그리고 상대를 편안하게 해주는 대화, 자기 분야에 대한 해박한 지식 등으로 고객과 동등한 입장에서 컨설턴트 역할을 해 주었을 때, 미용인으로서의 긍지를 느낄 수 있고 고객은 우리를 신뢰하게 된다. 고객은 누구나 우리한테는 특별한 사람임을 명심해야 하며, 고객을 이해하려는 마음을 간직해야 한다. 고객은 누구나 스스로 특별대우 받기를 원한다. 그래서 감동적인 서비스라던가 특별한 대우를 받는다는 느낌이 들도록 해야 한다. 우리의 서비스 앞에서 행복함을 느끼는 고객은 우리에게도 행복감을 준다. 미용현장에서 가장 빛나야 할 사람은 고객이다. 고객보다 화려하게 꾸미지 않도록 하며 고객보다 잘난 척하지도 말아야 한다. 고객과의 감정을 공유하고 이에 대한 반응도 보여준다. 너무 많은 고객을 상대하다 보면 진정한 고객의 기쁨과 고통을 함께 나누어야 할 때에 전달이 미흡하게 되어 분위기를 흐릴 때가 있다. 때로는 질문을 하기도 하고 혹은 맞장구를 치기도 하면서 고객의 감정에 세심하게 동참해야 한다.

모든 기준은 고객이 정하도록 배려한다. 고객은 잘 모르는 것 같아도 자기 스타일에 관해서는 전문가이다. 어떤 헤어스타일을 해야 자신이 잘 소화해 낼 수 있는지를 잘 알고 있다. 또한, 아무리 최선을 다했어도 고객이 만족하지 않으면 다시 손봐야 한다. 고객에게 감동을 주는 '끼'를 지니도록 노력한다. 미용인은 연출력이 뛰어난 엔터테이너(Entertainer)가 되어야 한다. 인사를 한번 하더라도 고객의 마음을 열 정도로 따뜻한 느낌을 주고, 똑같은 시술을 하더라도 고객에게 근사한 분위기를 연출해 주려는 '끼'를 가진 부드러운 개성파가 되도록 한다. 소극적이고 무뚝뚝한 모범생스타일의 미용인보다는 싹싹하게 고객과 공감대를 형성하고 친절과 카리스마를 동시에 갖는 부드럽고 위엄 있는 훌륭하고 지적인 건강한 미용인이 되자.

(1) 고객의 질문에 충분한 정보지식 함양

고객과의 대화에도 간결하고 명료하게 하며, 전문가다운 용모와 복장을 하고, 부드러운 말씨와 정중하고 밝은 표정을 한다. 고객의 질문에 답할 때는 부드러운 중간 톤의 음성을 사용한다.

자신감 있게 가슴을 활짝 펴 돼 허리를 굽히거나 항시 고개를 숙일 준비가 되어 있어야 하며 매너가 좋아야 한다, 쉽게 흥분해서는 절대 안 되며, 다듬어지지 않는 어투는 삼가야 한다.

(2) 고객이미지에 따라 서비스 향상

고객들의 개성도 천차만별이듯 고객이 요구하는 서비스 스타일도 사람마다 다르다. 고객이 어떠한 서비스를 더 좋아하는지 재빨리 느낌으로 파악할 수 있어야 한다. 고객의 옷차림, 걸음걸이, 어투, 제스처 등을 통해 어느 정도 알 수는 있지만 좀 더 끊임없이 고객과의 대화를 통해 관찰하고 분석하여 고객 개개인만을 위한 질적인 맞춤 서비스를 제공하도록 한다.

(3) 고객의 지나친 요구에는 지혜로운 거절함

먼저 고객의 의사를 존중하면서 요구를 탐색하는 전략이 필요하다. 고객의 관심사를 파악하기도 전에 많은 정보를 제공하게 되면 오히려 고객에게 가볍게 보여서 고객이 담배 심부름과 같은 개인적인 심부름을 시킨다거나 무리하게 가격을 깎아달라고 하는 경우가 생길 수 있다. 이럴 때에는 고객이 무안하지 않도록 정중하게 거절해야 한다. 고객의 의향을 묻고 필요와 요구에 맞춰서 이야기하는 법을 터득한다. 또한, 고객과의 대화에서도 과한 욕심을 부리지 말아야 하며, 과도한 서비스가 정작 시술과 같은 중요한 서비스의 품격을 손상 시키거나 꼭 해야 할 일을 놓치는 일이 생기지 않도록 주의해야 한다.

(4) 불만 고객은 미래의 충성고객이 되도록 최선

고객이 흥분해 있을 때, 먼저 정중한 태도로 조용한 곳으로 안내한다. 고객의 불만을 진지한 표정과 겸손한 자세로 경청하며 흥분한 고객을 내 편으로 만들기 위해 온 힘을 기울인다. 공손한 사과의 말로 고객의 감정을 조절한 후 대안을 제시하여 고객이 원하는 이상으로 후하게 적절한 시간을 안배하여 일을 해결한다.

(5) 성공을 향해 좋은 습관

- 즐거운 마음으로 최선을 다하자.
- 좋은 생각이 좋은 행동을 만든다.
- 창조적인 사고방식으로 도전하라.

- 매력적이고 고상한 음성으로 대화하라.
- 사소한 감정에 자신의 전부를 맡기지 말자.
- 상대의 말을 경청하는 사람이 되자.
- 밝은 표정으로 감사하는 마음을 가지자.
- 고난 앞에서도 유머를 잃지 말자.
- 자신을 아름답게 연출하라.

2) 미용기업 매니저의 인성 및 적성

(1) 매니저의 덕목 함양

매니저도 인간이기에 감정과 편견이 있고 좋아하는 것과 싫어하는 것이 분명히 있다. 그러나 매니저가 갖는 그 감정과 편견이 일터에 개입되게 된다면 조직의 전체 분위기에 영향을 줄 수 있다. 일터 내에서 자신의 모든 감정과 편견을 모두 제거할 수는 없지만, 나의 감정 표출이 어떤 영향을 주는가를 면밀히 살펴보고, 이를 적절히 조절해야 한다. 매니저 자신의 태도, 사고, 그리고 관점을 통제할 수 있어야 하며, 자신부터 전략적 사고와 행동 법칙을 바로 세워 최신의 지식, 새로운 사고방식과 통찰력을 가지고 계수(計數)에 밝아야 한다.

오늘날 고객들의 라이프스타일이 다양해지고 고도화되어 가고 있으며, 미용시장도 과도기를 넘어 성숙하여지면서 규모의 확대가 이루어지고 있다. 미용기업의 포화상태에서 상권이 점점 양극화를 이루면서 고객들의 이용성향 역시 달라지고 있다. 자기실현 욕구의 충족시키는 미용기업이 있으면 아무리 먼 곳에 있더라도 찾아간다. 회사에 근무하는 회사원은 교통이 편한 미용기업을 선택하는 경향이 두드러진다.

한편, 우리나라는 상권이 다양하게 분포되어 있어 미용기업 또한 여기저기 편리한 곳에 오픈되어 있기 때문에 한정된 지역에 생활하는 사람은 거주지와 가까운 곳에 있는 단골 미용기업을 선택한다. 그러나 자신이 주거하는 곳의 미용기업 상권이 협소하거나 자신의 기대치를 충족시키지 않는다면 거리와 상관없이 교통편을 이용해야 할 정도로 먼 지역의 미용기업일지라도 기꺼이 찾아가서 이용하는 고객도 있다. 항시 미를 추구하는 고객들은 여론에 민감하다.

미용기업의 뷰티매니저는 자신이 운영하는 미용기업의 경영전략이나 업태에 대해 충분히 인식하고 있어야 하며, 그에 적합한 리더의 조건을 갖추어야 한다. 단지 막연하게 이름만 뷰티매니저가 아니라 경영자와 종업원들의 요구조건을 충족하는 뷰티매니저가 되어야 한다. 또한 고객들이 미용기업을 선택하게 된 심리까지 파악하여, 자신의 미용기업에 적용을 시킬 수 있는 능력도 갖추어야 한다. 예를 들면, 중년층을 대상으로 하는 미용기업인 경우, 분위기를 당연히 중요하게 하여야 하므로 건강이나 의료에 관한 전문지식도 제공하는 것이 필요하다.

21세기에 들어서면서 상공업사회로부터 지식이나 정보를 획득하여 자기실현 등에 가치를 두는 지식정보에 밝은 사회일원으로의 분위기가 현재까지는 안정되게 조성되어 오고 있다. 또한, 눈부신 경제 발전으로 미용기업의 수도 급속히 증가하고 있으며, 이로 말미암은 경쟁구도는 더욱 심화하여 가는 상황이다.

뷰티매니저의 경우 소형 미용기업의 뷰티매니저에게 대형 미용기업을 맡게 하는 것은 바람직하지 않다. 일반적으로 소형 미용기업의 뷰티매니저는 실무적인 기술력이 우선으로 요구되며, 미용기업의 잡무에서부터 관리까지의 업무 전반에 걸친 역할을 직접 수행해야 한다. 그러한 일들을 종업원에게 역할 분담하는 것이 가능하지 않기 때문이다. 대형 미용기업의 뷰티매니저는 고도의 기술력을 요하며, 관리 능력에도 뛰어난 수완을 발휘하여야 한다. 그러나 대형 미용기업의 특징인 많은 종업원을 운용하는 상황에서, 현장에서 일과 관리업무까지를 혼자 맡아서 처리하기에는 업무처리의 양이 크기 때문에, 전반적인 직원관리와 고객관리 그리고 재료관리를 구분하여 업무분담을 시켜야 착오 없는 순환이 이루어질 것이다.

경영전략에서 사람, 기술, 물자, 돈 등의 4가지 조건은 경영에 필요한 자원이므로 경영자원이라고 부른다. 이것의 관리가 불충분하면 경영자원을 쓸모없이 낭비하여 버리기 때문에 고객이나 제품이나 미용을 중요하게 관리하여야 한다. 뷰티매니저를 육성한다 하더라도 어느 입장에서 어떠한 직무를 어떻게 줄 것인가를 명확하게 규정하지 않으면 자신에 대한 위상도 높아지지 않을 뿐만 아니라, 지도하는 측 역시 내용에 구체성이 결여되어 효과적인 직무수행을 기대할 수 없다. 제품의 발주나 재고관리, 종업원의 로테이션, 프로그램의 작성, 컴퓨터 등에 의한 데이터 관리 등 명확하게 구분된 업무에 대해 숙지를 하고 있어야 하며, 자신이 처리해야 할 일을 상대에게 맡긴 것이기 때문에 담당자에게 그 실무의 순서나 효율적인 방법을 지도하는 한편, 그러한 업무의 진행 상태나 내용의 체크와 함께 결과보고도 받아야 한다.

뷰티매니저는 자신의 직무에 관하여 실무능력을 최대한 발휘할 필요가 있으며, 밝고 쾌활한 분위기의 매장을 만들 수 있는 탄력 있는 운용의 재치와 누구보다 일찍 출근하고, 그날의 업무 마감이 된 후 퇴근하는 경영자의 이념과 사고방식으로 철저하게 자신을 단련해야 한다. 그래야만 객관적인 사고와 판단을 통해, 고정관념이나 타성에 젖지 않은 현명한 리더십을 발휘하여 바른 직원운용과 밝고 쾌활한 매장분위기로 고객들에게 신뢰감을 줄 수 있을 것이다.

뷰티매니저의 실천사항

- 지시사항을 즉시 실행토록 한다.
- 신중한 몸가짐을 가져라.
- 매사에 웃는 얼굴로 대하라.
- 유효적절한 조언을 해라.
- 공사는 분명하게 구분하라.
- 남의 험담을 하지 마라.
- 자기의 공명을 내세우지 마라.
- 신뢰를 받도록 행동하라.
- 잘한 일은 공개적으로, 잘못은 본인만 알게 주의를 줘라.
- 전문지식은 부하보다 더 많이 알아야 한다.

3) 미용기업 업무성과가 조직구성원에 미치는 영향

(1) 바른 행동은 조직의 생산성 향상

직장 내의 인간관계에서는 개인적인 요인은 물론 전체적인 환경 요인도 크게 작용한다. 그중에서도 자신의 성격과 직장 분위기가 가장 큰 영향으로 작용한다. 종업원은 조직에 대해 공헌(貢獻)의 의무를 갖는다. 종업원의 조직에 대한 공헌이란, 조직이 자신의 성과에 대해 지급한 보상에 상응하는 업무성과를 내는 것을 말한다. 그러나 종업원의 공헌의무가 반드시 업무결과에 의한 성과만이 대상이 되는 것은 아니다. 조직이 종업원 자신에 대한 배려에 조금이라도 보답하고자 하는 일련의 선의지들을 포함한다.

업무성과의 향상을 위한 노력과 결과들로써 예를 들자면 조직이 제공하는 훈련과 개발의 적극적인 참여, 조직 사회화를 통해 조직에 빨리 융화되려는 의지와 행동, 자신이 승진되면 직위에 맞는 업무성과를 산출하려고 하는 의지 등을 말할 수 있다. 결국, 종업원의 공헌의지와 행동은 조직의 생산성과 직접적으로 연관되는 것들로서 그들의 공헌의지가 높을수록 조직의 생산성은 향상하게 된다. 이러한 종업원의 공헌과 조직 유인의 균형 이론은 서로 균형을 이루거나 더 많은 공헌과 유인을 하려는 서로의 선의지가 있을 때에서만 지속적인 균형을 이룰 수 있다.

조직과 종업원 간의 선의지를 통한 균형, 조직의 유인과 종업원의 공헌이 적어도 균형을 이루거나 서로가 그 이상을 제공하려는 선의지가 있어야만 한다. 만약 종업원의 공헌의지가 높지만, 조직의 유인이 낮으면 혹은 조직의 유인은 높지만, 종업원의 공헌의지가 낮으면 서로는 불공정하다고 느낄 것이고, 더 이상의 선의지는 나타나지 않는다. 기업경영에서 흔히 나타나는 노사분규는 종업원들이 조직으로부터 받는 보상이 불공정하다고 느낌으로써 발생하는 것으로 공헌과 유인의 균형이 깨진 대표적인 경우라고 할 수 있다. 조직 내부의 윤리에 대한 판단기준은 조직의 종업원에 대한 유인과 종업원의 조직에 대한 공헌이 일치되어야 한다는 균형이론으로 설명할 수 있다.

조직은 종업원에 대해 유인의 의무를 갖는다. 종업원에 대한 조직의 유인이란 종업원이 달성한 성과에 대해 조직이 최대한 보상을 제공하는 것이다. 여기서 보상이란 반드시 임금같이 경제적 보상뿐만 아니라 종업원이 조직에서 수행한 일에 대한 조직의 대가를 총칭한다. 예를 들자면, 상사의 칭찬, 특별보너스, 복리후생, 종업원과 가족에 대한 조직의 배려, 경력 개발과 승진의 기회, 훈련과 개발의 기회제공 등을 들 수 있다.

조직의 이러한 유인은 종업원의 업무 성과에 기초한다. 그 이유는 조직이 무작정 종업원들을 보상할 수 없고, 적어도 종업원의 한 일에 대해서 만큼은 공정한 보상의 의무를 조직이 갖는 것이다. 더구나 종업원 업무성과에 대한 조직의 공정한 보상은 종업원이 조직생활을 통해 경제적 이익을 획득함은 물론 왜 자신이 조직에서 일하고 있는지를 깨닫게 해 줄 수 있다.

(2) 기업조직의 인력관리 우선과제

직장이란, 각각의 독특한 개성을 지닌 수많은 종류의 사람들이 모여 생활하는 공동의 울타리이며, 앞에서 보았듯이 경영환경의 변화로 이전의 표준적 구성원의 통제방식이었던 관료주의가 약화하고, 대신에 시장에 의한 조정이나 동지적 관계를 통한 조정의 영역이 확대되고 있다. 시장조정의 전형적 예는 인터넷을 통한 거래이다. 인터넷을 이용한 상거래나 정보 교환의 증가는 시장 교환의 비약적인 확대를 의미한다. 구체적으로 보면 같은 기업에서도 정규직은 동지적 관계, 비정규직은 시장적 관계로 연결되는 예도 많다. 또한, 기업의 나이나 규모, 생산하는 제품의 수명주기에 따라 관계가 달라지기도 한다.

일반적으로 창업 단계에는 카리스마적 창업주와 그를 추종하는 소수 종업원 간에 봉건적 관계가 형성되지만, 기업이 일정한 규모로 성장한 이후에는 기능적 조직구조를 가진 관료적 조직으로 전환하며, 기업이 한층 성장하고 다수 부서를 형성한 이후에는 사업부제 조직구조를 가진 시장조직으로 전환하기도 한다. 제품의 수명주기가 끝나 가면 연구개발의 투자수익은 낮아지며, 기업은 표준적이고 기호화된 지식에 의존하고 암묵적 지식에 의존하는 비율은 상대적으로 낮아진다. 즉, 시장관계로 얻는 추상화, 기호화된 정보만으로는 불확실성이 높은 여건에서 위험이나 기회의 포착과 관련된 현장감 있고 구체적인 정보를 분석하여 사업화로 이끌기에는 많은 변수를 내재하고 있기 때문에 표준화되고 기호화되며, 정형화된 지식을 반영할 수밖에 없다.

그러나 이런 관계를 형성하는 데는 시간이 걸리며, 두뇌노동의 성과 측정과 감시가 어렵다는 점을 고려하면 인격적 관계에 입각한 계약은 시장거래보다 거래비용이 많이 들 가능성이 많다. 첨단 정보기술을 광범하게 이용하더라도 신뢰할 수 있는 동료집단의 크기에는 제한이 있다. 다만, 정보기술의 존재는 지리적 문화적으로 분산되고 다양한 지역에도 구성원을 둘 수 있다는 점이 옛날과 다른 점이다. 강력한 인적 연방의 구축이 경쟁력 우위의 원천이라고 연구자들이 지적한다. 무한신뢰에 입각한 동지적 집단을 형성하려면 다원주의와 관용의 문화가 문화적 토양이 되어야 하며, 과거방식의 통제보다는 신뢰에 기초한 연락망을 구축해야 한다. 현재의 경영환경은 기업 조직과 인력관리에 많은 과제를 제기한다. 기업은 각 단계에서 발생하는 불확실성을 스스로 흡수하는 조직의 구축을 목표로 하는데, 이는 종업원들에게 기업가가 되기를 요구하는 것과 같다. 그렇다면 이처럼 스트레스를 받으며 불확실성을 흡수하는 행동을 한 종업원에게는 기업가가 누릴 보상을 제공하고 있는가? 종업원들이 기업가로서의 역할에 맞은 대우를 받지 못한다면 그들은 기업을 떠나는 것이 나을 것으로 생각할 것이다. 기업이 종업원들에게 기업가적 노력의 발휘만을 일방적으로 요구한다면, 진정한 기업가는 기업을 떠나고 평범한 사람만이 남는 역선택 현상이 생길 것이다. 여건의 변화는 주로 관료적 조직에 변화를 강요하고 있다. 변화가 완만하고 제품의 수명주기가 긴 시대에는 대기업의 안정위주 경영이 큰 문제가 되지 않았다. 이러한 여건에서는 오랜 경험을 가진 근로자와 관리자가 지시하고 일반 근로자들은 이를 따르는 군대식 조직을 구성하고 있었다.

이러한 조직이 최근 폐지되거나 축소되고 있다. 오늘의 환경에서는 이러한 군대식 조직은 기업의 경쟁력을 떨어뜨리고 변화에 대한 적응을 더디게 하는 병폐의 상징으로 꼽히고 있다. 그 결과 기업의 업무 집중, 규모의 축소와 더불어 조직단계의 축소가 진행되고 있다. 성공적인 기업경영을 위해서는 환경을 구성하는 제반 요소에 대한 정보를 수집하고 분석하여 대처해야 한다. 규모가 크고 조직이 비대하면 정보에 대한 수요가 그것만큼 커진다. 따라서 이를 수집 분석할 관리조직이 커지게 된다. 필요한 정보의 양이 늘어나고 관리조직이 비대해지면 큰 비용이 들어서 그것 자체로 조직의 효율성이 떨어진다. 더 큰 문제는 정보의 전달이 지연된다는 데에 있다. 정보전달이 지연되면 의사결정이 늦어지고 변하는 기업환경에 곧바로 대응할 수 없게 된다. 직장생활에서 가장 어려움을 느끼는 대상은 누구보다 상사라는 점에서 상사와의 인간관계를 원만하게 이끌어 가는 것이 직장인이 관심을 두는 부분이라는 것을 알 수 있다. 여기에서 부딪치는 크고 작은 갈등이 자신은 물론 전체의 발전을 위해 막대한 영향을 끼치게 된다. 또한, 원만하고 풍요로운 인간관계는 모든 직장인 성공의 열쇠가 되기도 한다.

인간관계 개선방향

- 솔직하고 정직하며 성실하자.
- 자기가 한 말에는 책임을 져라.
- 남을 존중하고 남의 말을 경청하라.
- 남의 단점보다 장점을 찾아보자.
- 상대를 공감대로 이해하자.
- 과거, 미래보다 현실을 중요시하자.
- 말을 잘하기보다 듣기를 잘하자.

02 직원교육훈련 및 미용기업의 혁신변화

1) 교육훈련의 정의

교육은 일반지식과 기초이론을 가르치는 것을 말한다. 교육 효과는 개인이 자신의 생활환경에 대한 적응력을 높이고, 조직이나 사생활 속에서 적응하며, 장기적으로 학습능력을 키우는데 도움을 준다. 훈련은 특정 직업 및 직무와 관련된 학문적인 지식, 육체적인 기능 등을 습득시키며 숙달시키는 것을 의미한다.

교육훈련은 최근 여러 기업에서 이론적으로나 실무적으로 새로운 각도에서 인식되어 인사관리 면에서 중요시되고 있다. 인사관리에서 문제가 되는 교육은 가정교육이나 학교 교육과는 달라 기업경영의 목적을 달성하기 위한 지식, 기능의 향상과 인간관계의 선도에 주로 중점을 두지만, 기업의 구성원으로 하여금 기업의 일원인 동시에 또 사회의 구성원이라는 것을 자각시키는 것이 또한 필요하다.

이 사회는 조그마한 직장의 사회에서 크게는 지역사회 국가사회의 일원으로서 인격형성을 위하여 형성된 것이다. 미용기업이 추진하는 교육훈련 및 능력개발은 "현실사태에 대응하는 교육훈련" "장래에 대비한 능력개발" "자기개발" "의사결정능력" 향상 등을 갖게 하는 데 목적이 있다. 미용기업의 정보화와 세계화의 개념이 강하게 지적되게 된 오늘날에는, 미용기업 구성원인 종업원은 경영자로부터 종업원에 이르기까지 교육의 세계화에 대한 의의를 파악할 필요가 있는 것이다. 따라서 채용된 근로자는 단지 일정한 미용직업에 종사하는데 정신능력이나 체력을 갖는다는 것에 불과한 것이며, 곧 일정한 직무를 수행할 수 있는 구체적인 직업지식이나 미용기능을 갖춘 것은 아니다. 그러므로 이들은 체계화된 형식으로 교육훈련을 받아야 비로소 업무에 주인의식을 가지고 종사할 수 있다. 그리고 이것은 비단 채용 시의 문제뿐만 아니라 일단 일을 할 수 있게 된 이후에라도 더욱 고도의 미용기능을 요하는 경우, 혹은 일반 종업원에서 관리자로 승격한 경우 직위계층에 대하여 어떤 형식일지라도 훈련을 요구하는 것이다. 이러한 훈련을 계획적, 조직적, 합리적인 방법에 의하여 관리하는 것을 교육훈련이라고 한다. 교육과 훈련은 각각 다른 의미가 있지만 결국 직원들의 교육훈련은 능력개발을 목표로 하는 것이라 할 수 있다.

2) 교육훈련의 계획관리

21세기 사회의 세계화라는 공간적, 시간적 활동영역 확대의 정보화 사회로의 진출, 기술의 급격한 발달, 고객 변화 등 경쟁이 더욱 치열해지는 미용산업에서는 인적자원이 생명력이다. 생존하려면 조직구성원을 강화시키는 교육훈련은 필수적인 영역이라 할 수 있다. 인간은 교육훈련을 통해서 얼마든지 잠재능력을 계발할 수 있으며, 미용산업의 교육시스템은 인력수급과 밀접하게 작용하기 때문에 중요한 문제로 직결되어 있다.

미용기업이 교육훈련을 하는 데 있어서 중요한 것은 교육의 필요성을 발견하여 알맞은 교육훈련을 수행하는 데 있다. 따라서 먼저 교육훈련의 대상에 대하여 그 직무에 대한 본연의 자세를 규정한 다음에 그 직무를 달성하는 데 필요한 지식, 기술, 태도를 몸에 지니고 있는가를 판정하여 불충분한 점 즉, 육성해야 할 점이 있으면, 이것을 욕구로서 명시하고, 이러한 욕구를 어떻게 교육 훈련화 할 것인가의 구체적인 방법을 연구한다면, 이것을 실효성 있는 훈련계획이라고 말할 수 있다.

특히 기술자 양성과 같이 장기적・계획적・조직적으로 교육할 때는 교육과목별로 교육목표, 수준, 시간, 내용, 내용, 지도상의 주의사항 등을 상세하게 기술한 이른바 커리큘럼을 편성하여야 한다. 그리고 이것을 계획표에 기재하여 진도를 통제하면 원활하게 진행될 것이다.

조직구성원의 실질적인 향상을 위해 인성교육, 서비스교육, 기술교육, 등 필수적인 교육훈련의 관리가 요구된다. 교육훈련은 실행된 것만으로 만족할 수 없으며 교육훈련 결과로 조직구성원들의 의식계획 및 행동변화가 어떻게 개선되며, 직무성과에 반영되는가에 대한 결과가 평가되어야 한다고 본다.

(1) 교육훈련의 전개과정

미용기업 내의 교육훈련은 처음부터 조직적으로 이루어진 것이 아니었다. 초기에는 신규 채용자는 업무에 배치되어 직장의 선임자로부터 지도를 받거나 선임의 경험에 의한 지시를 받는 정도였으며, 나머지는 스스로 노력으로 습득하였다. 이러한 결과로 기술 습득에도 시간이 걸렸으며, 체계화된 교육훈련이 아니었기 때문에 많은 시행착오를 거쳐야만 했다.

20세기 후반에 들어서면서 점차 미용시장이 전문화되고 전문화된 기술을 겸비한 종업원이 늘면서 작업의 분업화 및 전문화가 진전되게 되었으며, 미용기업의 경영규모가 증대하기 시작하면서 기업 내의 구조에도 직능세분화가 이루어져 입사한 종업원에 대한 교육이 단순 지도에서 전문적이면서도 조직적인 교육훈련제도로 발전하게 되었다.

현재에는 전문적으로 활성화가 된 직장에서 교육훈련을 담당하고 있다. 그러나 이러한 미용기업의 발달은 미용학적 지식을 종래와 같은 현장실무에서의 오랜 시간을 통해 얻어낸 경험이 아닌 세분화된 체계성을 갖춘 교육으로 습득해야 하는 당위성을 요구하게 했고, 실제로 이들의 실습도 종래와 같은 현장에서의 오랜 시간을 투자하여 얻어낸 직접적인 훈련이 아닌 다른 미용대학 또는 전문학원에서의 교육훈련을 통해 행하여졌다. 다시 말하자면, 종래의 경험적 습득이 과학과 실습으로 분화하여 전문적으로 교육훈련 된 것이다. 그리고 종래의 경험에 의존하였던 직장 자체의 교육문제가 과학과 기술의 발전으로 체계화된 재교육을 필요해졌으며, 여기에 미용인 양성과 직장재교육을 중심으로 종업원 교육훈련의 조직화와 합리화가 절실하게 요청되었다. 이처럼 미용기업 내의 교육훈련은 입사자의 기술훈련에서 출발하여 이론과 실습으로 직장 재교육을 하여 나아가야 한다. 20세기 후기부터 경영규모의 확대와 더불어서 복잡해지고 세분화된 직무와 체계화된 구조를 원하는 관리의 필요성이 생겨남에 따라, 미용인의 입직 교육과 직장 재교육만으로는 전 종업원, 특히 관리자층은 효과적이고 합리적인 직무를 수행할 수 있는 능력을 갖추는 데 한계를 느끼게 되었다. 이러한 이유로 말미암아 경영능률의 증진을 위해서는 노동력의 질적 향상을 더욱 중시하여야 하는 절대적 필요충족요건이 발생하게 되었고, 이를 위해 전 계층에 걸친 종합적인 계획에 따라 현대의 교육훈련 관리를 시작하게 된 것이다. 교육훈련의 방법에 대해서도 각 계층(신입사원, 전문직사원, 관리자, 최고경영자) 에 따라 더욱 효과적인 훈련방식 예를 들어 T・W・I(Training Within Industry), M・T・P(Management Training Program) 등이 생겼다.

(2) 교육훈련의 목적

- 경영자 측 입장 : 인재육성 ➡ 기술축적(technical accumulation) ➡ 커뮤니케이션 ➡ 조직협력(consensus)
- 종업원 측 입장 : 자기개발의 욕구 ➡ 동기유발(motivation)
- 인재육성을 통한 : 기술축적
- 원활한 의사소통을 통한 : 조직협력
- 자기발전의 욕구충족을 통한 : 동기유발

3) 미용기술의 변화와 혁신

(1) 기술(technology)의 변화

창조적인 사고는 혁신적인 기술을 의미하며 결국은 변화로 향하게 되고 오늘날과 같이 높은 경쟁시대에서 가장 요구되는 것이다. 창조적인 사고를 방해하는 것은 우리의 전통과 편견과 고정관념 그리고 자존심이다. 일정한 목적을 달성하고자 과학을 통해 개발된 방법을 응용하여 자원의 이용, 더욱 올바르게 관리할 수 있게 하는 수단이다. 즉, 기술은 인간이 수행하는 모든 행위와 관련하여 달성하려는 목적에 대한 수단의 적합관계라고 할 수 있다. 넓게 본다면 이는 경제적 행위, 사회적 행위, 문화적 행위와 관련하여 목적달성에 필요한 유형, 무형 수단의 적합성도 포함된 개념이다. 좁은 의미로는 경제적 목적을 달성하기 위해 생산 활동과 관련하여 기계 또는 장치를 조작하는 방법 및 숙련이라 할 수 있으며, 기술의 진보는 생산성을 향상시킨다. 우리는 현시대에 살면서 기술변화가 매일매일 우리의 삶을 바꾸어 놓고 있다는 것을 실감하고 있다. 기술의 발전은 고용관계에서도 변화를 일으키고 있다. 기술발전을 통해 더 많은 일자리를 창출시키고 실업률을 떨어뜨리고 있으며, 신기술의 도입은 과거 구 기술에 머물러 있는 근로자들을 작업장에서 퇴출하고 있다. 기술의 발달과 변화는 새로운 고용과 퇴출이라는 명암을 함께 가진 것이다.

첫째, 기술의 발전은 고용의 이득을 가져온다. 하지만, 기술이 도입되는 동안 노동력의 재배치가 이루어져야 하며 어떤 특정 기술이 도입되면 그에 따른 부차적 기술이 도입되어 기술적 환경변화와 함께 연차적 고용을 불러일으킬 수도 있다. 심지어 사무실 및 공장 자동화가 되면 인력이 감축될 것 같지만, 자동화에 따른 새로운 인력이 더 필요할 수 있으므로, 이는 자동화가 곧 인력감축이라는 고정관념보다는 더 많은 고용 결과를 가져올 수도 있다는 것을 염두에 두게 한다.

둘째, 새로운 기술은 현재의 직무 구조의 변화를 요구한다. 과거 타자기를 치던 타이프 기사의 직무는 워드프로세서는 물론 Excel이나 Power-point 등 사무용 소프트웨어를 자유자재로 다룰 수 있는 다기능 기술자로 변화할 수 있다.

셋째, 21세기에 들어서면서 기술변화로 말미암은 가장 큰 특징인 정보 및 통신 기술의 발달은 미숙련 근로자를 붕괴시키고, 고급 기술자와 지식근로자의 공급부족 상태를 가져왔다. 은행, 소매상점, 유통회사 등 모든 조직이 업무 혁신을 일으켰고, 과거 많은 사람이 매달려서 하던 업무의 과정을 축소해 버렸다. 미숙련 근로자 집단의 붕괴라는 어두운 측면 앞에 새로운 기술을 관리하는 새로운 지식의 수요가 급증하기 시작했다. 한편, 새로운 기술을 보유한 자격 있는 근로자를 찾기는 쉽지가 않다. 많은 미용기업은 적당한 기술자를 찾지 못해 수많은 사업기회를 눈앞에서 놓치고 있다. 전통적 기술을 가진 근로자 집단의 붕괴로 말미암아 야기되는 '노동 공백을 메우는 일' 그리고 '새로운 기술을 보유한 자격 있는 근로자를 찾지 못해서 발생하는 생산 소실' 등, 이 모든 현상이 새로운 인사관리가 필요하고 있다.

넷째, 기술적 변화는 또 기존 조직과 직무의 재구축 즉, 분권화된 조직구조, 자율적 작업 집단, 작업장소의 유연성, 작업 스케줄의 유연성 등을 요구하고 있다. 자격 있는 고기능 기술자는 과거처럼 한 조직에 얽매이지 않고 프리랜서 형태의 고용계약을 요구한다. 또 많은 근로자가 정해진 규칙에 따라 움직이기보다는 자유롭고 독립적인 직무와 조직을 선호한다.

(2) 기술 진보

기술 자체의 변화 없이 부분적인 개량을 통해서 이루어지는 연속적인 진보가 있다. 기술 그 자체를 변혁시킴으로써 이루어지는 비약적인 발전이 있다. 특히 종래의 기술이 가졌던 기능적인 한계를 넘어서는 기술의 급격한 발전을 기술혁신(technological innovation)이라 한다. 이러한 기술진보와 기술혁신은 오늘 우리가 사는 사회의 변화 흐름의 경제적, 주도적 역할을 한다고 할 수 있다. 산업 정보화시대에 편승하면서 시대적 흐름에 따라 패션계 역시 개성과 다양성을 추구하는 다변화 현상이 일어나고 있다. 이러한 사회적 시대적 흐름에 발맞추어 우리 미용인 역시 보다 폭넓은 정보를 수렴해서 고객의 만족도를 높이기 위한 제도적인 전환이 필요하다. 고객의 기대치에 대한 부응과 미용기업에서 제공할 수 있는 미용기술과 미용경영의 삼박자가 상호공존과 조화를 통해서 상호 보완적 가치를 높이고 경쟁우위를 확보해 나아가야 할 것이다.

Chapter 05

미용산업의 인적자원 관리

01 채용기준 및 근무 절차
02 인사 관계 관리
03 경력 관리와 인사고과

eauty Administration & Customer Relationship Management

필수 요소 다섯 가지를 조직에 주입하라

① 풍요 : 많은 봉급과 다양한 옵션으로 직원을 만족시킨다.

② 평등

③ 권한 부여

④ 이메일

⑤ 업무수행 강조 : 1년에 두 차례 업무평가를 진행하며, 1~5점 사이의 점수로 직원을 평가한다. 4점은 "매우 훌륭한" 업무수행 1점은 "해고"를 의미한다.

Chapter 05 미용산업의 인적자원 관리

01 채용기준 및 근무 절차

1) 직원모집 및 선발기준

(1) 직원모집의 정의

직원모집(recruitment)은, 조직이 요구하는 자격요건이 갖춰진 조직 내・외부 인력을 유인하기 위해서 다양한 모집 원천을 통하여 구인활동을 하는 것이다. 모집이나 채용은 고용관리 및 인사관리의 출발점이기도 하다. 단지 기업에서 결원의 보충이라는 것뿐만 아니라 모집은 조직의 인력 수급을 적절하게 충족시켜 줄 수 있도록 계획을 수립하는 과정이다.

과거에는 한 번 채용한 인력에 대해서는 평생을 보장해야 한다는 평생고용의 사회적 통념이 자리하고 있었다. 요즘은 개인의 직업관도 변하고 있고 조직의 고용관례도 변하고 있다. 다시 말하자면 정보기술의 급속한 발달, 개인의 가치관 변화, 노동시장 유연화, 비정규직 근로자 증가 등의 영향으로 개인근로자의 이동성이 일반화되고 조직도 인재를 확보하기 위해 다양한 방법을 이용하며 능력 없는 근로자를 과감히 퇴출하는 상황이다.

모집은 조직이 요구하는 자격요건이 갖춰진 조직에 존재하는 다양한 업무를 수행할 인적자원의 확보(채용·충원)라고도 부른다.

(2) 선발의 기준과 채용과정

선발(Selection)은, 모집을 통해 구직을 희망하는 지원자들의 특성, 조직의 인력채용목표와 적격성 여부를 판단하여 응시한 지원자 중에서 채용기준에 적합한 사람을 선별 해하는 과정이다. 조직의 업무를 수행할 수 있는 최적의 조건을 충족한다는 기준을 가지고 여러 가지 비교와 평가를 통해 가장 적절한 인재를 선별하고, 그 인적자원에 대한 일련의 여과과정을 거친 뒤 최종적으로 조직구성원의 자격을 부여하는 것을 말한다. 선발은 지원자를 평가하여 선택하는 것이며 지원자는 신문, 직업소개, 광고, 교육기관, 직업소개소 등을 통해 확보되며 선발과정은 지원서, 인터뷰, 시험 및 참고자료 등을 이용한다.

채용절차순서

1. 응모자 접수 2. 예비면접 3. 지원서 작성완료 4. 고용테스트 5. 면접 및 구두시험 6. 배경조사 7. 고용부서의 예비 채용 8. 감독자의 최종 채용 9. 신체검사 10. 배치

첫째, 업무에 필요한 직원을 선발하려면, 지원자의 교육수준, 기능, 능력, 현장경험, 개인적 특성, 신체적 조건 등을 어느 정도 파악한 뒤 업무능력을 성공적으로 수행할 수 있는 적절한 태도를 지닌 사람을 선택해야 한다.

둘째, 지원자들에게 현실적인 실무소개를 정확히 말해주고, 최종 선발에 앞서 지원자들에게 자신들이 담당할 직무환경과 내용을 알려주어 지원자들이 진정으로 조직업무에 가담할 의사가 있는가를 먼저 파악하는 작업이 필요하다. 최종 선발 결정은 지원자가 업무를 수행할 의향을 밝히고, 조직 구성원의 자격을 부여함으로써 선발 작업은 끝이 난다.

(3) 면접의 목적

면접(Interview)은, 선발시험과 더불어 가장 널리 사용되는 선발 절차이다. 면접이 극히 주관적인 판단에 의존한다는 약점에도 종업원을 평가하는 방법으로 가장 공통되는 기법이기도 하다. 면접은 1대 1 또는 한 사람의 면접자가 피면접자 다수를 상대로 질의나 대화를 통하여 인물을 평가하는 것을 말한다. 즉 면접은 두 사람 사이의 특정한 목적을 가지고 행하는 대화 또는 구두의 상호작용이라고 할 수 있다. 면접은 "실제로 사용할 수 있는 인재" 즉 "즉시 활용할 수 있는 사람"을 선발 결정하는 일로 정의할 수 있다.

① 한 사람의 인간이 환경에 대해 어떻게 보고 행동하는가의 특성을 체계적 · 종합적으로 평가하는 것이 평가 시 기준(창의성 · 사교적 · 끈기 · 의욕 · 성실성)에 대한 특성을 미리 검토하고 준비된 채용기준과 맞추어 판정하면 좋을 것이다.

② 사고를 이해하고 평가한다. 사고란, 한 인간 사회생활의 규범이 되는 것이다. 피면접자의 업무실행에 행동경향을 예측할 수 있다.

③ 성격이나 태도가 예정된 업무나 조직에 어느 정도 맞고 있는가를 판정한다. 면접자의 성격이나 태도는 조직사회에서의 조화를 위해 가장 중요한 기본 평가이자 인상을 판단하는 기준이기도 하다. 면접 시 가

장 일반적인 공통분모로 작용하는 판단기준이기도 하다.

④ 상식 · 전문지식을 평가한다. 국내 외 경제변화 정치. 사회변화 등에 상식과 전문지식을 평가하는 것이다.

⑤ 면접자와 피면접의 정보교환을 한다. 이것은 피면접자의 기업에 대한 정보 등을 전하는 것이며, 또한 기업 측의 의도, 즉 채용기준과 바라고 싶은 일 등 면접자의 지원 동기 의욕 등을 서로 교환한다.

⑥ 인물의 종합적인 평가를 한다. 이것은 한 인간이 업무환경에 대해 어떻게 보고, 생각하며, 행동할 것인가의 특성을 체계적으로 결론짓는 것이다.

(4) 좋은 질문과 잘못된 질문

면접이 중요한 선발기법으로 정착된 오늘날의 현실에서는 면접의 한계를 극복하고 평가 오류를 감소시키기 위한 대책을 마련하는 것이 중요하다. 이런 의미에서 면접 시에 면접 담당자가 해서 좋은 질문과 바람직하지 못한 질문 또는 해서는 안 되는 질문을 살펴보자.

① 바람직한 면접질문

- 우리 미용실에 지원하게 된 동기는?
- 귀하께서 생각하는 자신의 장점은 무엇인지?
- 입사 후 우리 미용실에 어떤 기여를 할 수 있는지?
- 지금까지 어려운 문제에 봉착했던 일이 있었다면 어떻게 극복했는지?
- 자신에게 손해가 되는 일을 알면서도 남을 도와준 경험이 있는지?
- 귀하의 경력목표를 성취하기 위해 구체적으로 무엇을 하고 있는지?
- 귀하가 만약 로또 복권에 당첨된다면 무엇을 할 것인지?
- 5년 후 또는 10년 후 자신의 모습은?

- 귀하가 생각하는 성공의 개념은?
- 일을 열심히 했는데 기대한 만큼 평가를 받지 못한다면 어떻게 할 것인가?
- 우리가 귀하를 채용해야 할 이유는?

② 바람직하지 못한 면접질문

- 아침에 일찍 일어나는 편인지?
- 운동을 좋아하는지?
- TV를 자주 시청하는지?
- 인간관계가 좋은 편인지?
- 미용기업의 사회적 책임이 중요하다고 생각하는지?
- 자기 자신에 대해 소개한다면?
- 미국에 가 본 적이 있는지?
- 현 정부의 재벌정책에 대해서 어떻게 생각하는지?
- 기업이 경제발전의 견인차라고 생각하는지?
- 업무수행과 관련하여 처벌받은 적이 있는지?
- 지금 사귀고 있는 사람이 있는지?
- 성형수술을 한 적이 있는지?
- 몸에 문신이 있는지?
- 언제쯤 결혼할 계획인지?
- 현재 다니고 있는 교회는?
- 체중과 신장은 어느 정도 되는지?
- 최근 병원에 입원한 적이 있는지?
- 부모의 직업은?
- 리더십이란 무엇이라고 생각하는지?

- 결혼한 후에도 계속 직장을 다닐 계획인지?
- 입사한다면 봉급을 얼마나 받고 싶은지?

바람직한 면접질문은 대부분 개방적인 질문들이다. 개방적 질문이란 '예' 혹은 '아니오'로 답할 수밖에 없는 폐쇄적 질문과는 달리 피면접자가 자유롭게 대답할 수 있기 때문에 피면접자에 대한 상세하고 포괄적인 정보를 얻을 수 있다는 장점이 있다. 이때에는 특정 사안에 대한 개인의 실제 경험을 질문하는 것이 바람직하다. 바람직하지 못한 면접질문은 폐쇄적인 질문을 한다거나 질문에 대한 답이 고정화된 경우, 면접자가 특정 답을 유도하는 질문, 불법적인 질문, 직무와 직접 연관이 없는 질문을 하는 경우 등이 해당한다. 또한, 관념적이고 철학적인 질문을 하는 것도 바람직하지 못하다.

특히 인종, 나이, 성별, 출신 국가, 결혼 여부, 자녀의 수에 대한 질문을 하는 것은 아주 바람직하지 못한 질문이며, 이는 미 국내법에도 저촉되는 대표적인 불법 질문들이기도 하다. 우리나라에서도 개인의 가정사나 프라이버시에 관한 질문은 될 수 있는 대로 피하는 것이 좋다. 성공적인 면접을 위한 준비로 바람직한 면접 문항 리스트를 사전에 만들고 면접자교육에 활용하거나, 면접 시 배부하여 주는 경우도 있다. 그러나 면접은 면접자와 피면접자 간의 양방향 커뮤니케이션이기도 하다. 따라서 사전에 준비된 질문만을 하는 '구조화된 면접'은 점수화가 용이하고 비교 가능성을 높인다는 장점이 있기도 하지만, 면접분위기를 경직시키고 면접자와의 자연스러운 의사소통을 방해할 수도 있다는 것을 염두에 두어야 한다. 이러한 구조화된 면접의 경우에는 반드시 질의해야 하는 필수 질문 이외에 2~3가지의 질문을 더 준비해서 면접자가 자유롭게 상황에 따라 선택해서 질문할 수 있

개인 인사기록 카드

사 진	입사	200 년 월 일	주민등록번호		성별
	직책		성 명		남
	학력		생 년 월 일		여
	주소		전 화		
	메일		휴대폰		
	면허		우편번호		

소개자	성 명		
	주 소		
	본인과 관계		전화 :
보증인	성 명		
	주 소		
	본인과 관계		전화 :
	성 명		
	주 소		
	본인과 관계		전화 :

제출서류	서 류 명	비 고	확인
	주민등록등본		
	이력서		
	자기소개		
	통장사본		
퇴직	퇴직일		

채용의 경과			
	200 년 월	정기채용	(증원·보충) 채 용
	소 개 처		학교 학원 인맥 기타
	가족관계 :		

직	퇴직 년 월	전직 근무처 명

특기사항	

는 준비를 해 두는 것이 좋다. 피면접자가 대답한 사항 가운데 궁금한 점에 대해 재차 질문하는 것도 피면접자에 관한 상세한 정보를 수집할 수 있다는 점에서 바람직한 질문법이라 할 수 있겠다.

2) 업무의 분담 및 권한

효율적인 미용업무의 경영관리는, 능력에 맞는 업무를 분담해서 업무활동을 의욕적이고 적극적으로 수행하도록 동기를 부여하고 지도 및 감독하는 관리직능을 말한다.

(1) 원장

매장을 대표하며 채용관리, 고객관리, 직원관리, 매출관리, 기술교육관리, 정보수집과 문제해결 관리 등에 대한 전반적인 업무를 수행한다.

(2) 매니저

감독의 책임을 갖고 부하직원의 동향에 주의하여 과실이 없도록 지도 단속을 하고, 예절과 규율을 존중하고 고객에게 친절하며 언어와 행동을 조심하고 업소의 명예를 손상하지 않도록 매장관리 업무를 수행하며, 디자이너 및 스텝의 친절교육에 전념해야 한다.

(3) 디자이너

매장 안에서 스텝들을 관리보호 책임과 고객에게 충분한 서비스를 제공하며 새로운 스타일과 패션정보를 제공한다.

(4) 스텝

매장 안의 정리정돈 관리를 책임지며 담당 디자이너를 도와주고, 고객에게 최선의 서비스를 제공한다.

3) 직원교육의 훈련과정과 평가기준

(1) 직원교육의 훈련과정

교육훈련과정이란 미용기업의 사업성공에 필요한 내부역량을 정립하여, 현재의 구성원 및 앞으로 구성원 개개인들이 체계적인 역량을 보유할 수 있도록 지도하고 활동할 수 있는 시스템을 말한다. 직원교육은 경영관리 수준에서 기본방침이 강조되고 있으며 기업조직이 환경에 적응하면서 경영성과를 향상시키려면, 인력의 육성, 개발을 강조하여야 한다. 인재의 육성차원에서 우리는 훈련(training) 개발(development) 및 교육(education) 등의 개념을 사용한다. 기본적으로 공통점은 모두 인간의 변화와 학습이론이 적용된다는 점에서 별 차이가 없다고 볼 수 있다. 그러나 교육과 훈련은 다음과 같은 관점에서 개념적으로 구분해 볼 수 있다. 첫째, 추구하는 목표가 무엇이냐에 따라 차이점을 발견할 수 있다. 즉 훈련은, 특정기업의 특정직무수행에 도움을 주려는 것이 주된 목적이지만 교육은 인간으로서 할 수 있는 다양한 역할의 습득과 함양에 치중한다. 둘째, 기대되는 결과가 무엇인가 하는 측면에서 훈련과 교육은 구분된다. 즉 훈련은 특정한 행동결과를 기대하지만, 교육은 반드시 그렇지는 않다. 그러나 훈련은 반응의 폭이 제한적이지만 교육은 다양한 것을 허용한다. 개발이란, 훈련과 교육의 양자를 종합한 성격을 지니고 있다. 경영자의 개발이라 하는 것은 경영관리자의 훈련과 교육을 동시에 필요로 하기 때문이다.

(2) 교육훈련 관리

미용기업에서 교육훈련을 체계적으로 관리하여 그 목표에 달성하는 데 도움이 되도록 단계별로 간단한 모형을 구상해보는 것이 유용할 것이다. 미용기업은 어떤 필요성과 목적을 가지고 교육훈련을 관리하여야 하며, 그 필요성은 어떻게 분석할 것인가, 교육훈련은 누구에게 무엇을 어떻게 할 것인가, 교육훈련 프로그램을 설계하는데 주안점은 무엇인가, 설계된 교육훈련 프로그램을 시행하는 데 필요한 구체적인 방안으로 일정을 작성하고, 전담요원 및 강사확보 장소 선정 등은 어떻게 할 것인가, 프로그램이 완성되고 그 성과와 교육훈련 전체과정에 대한 평가는 어떻게 할 것인가, 교육훈련과 종합인사시스템 (total manpower system) 인사평가, 승진관리, 직무순환, 보상관리 등과 연계성을 어떻게 가져야 할 것인가.

(3) 직원교육훈련의 필요성 분석

① 조직수준의 필요성

미용기업 내 직원교육의 중요한 점은, 교육의 필요성을 발견하고 알맞은 교육대상에 담당 직무에 대한 본연의 자세를 규정하고, 담당 직무의 필요한 지식, 기능, 태도를 몸에 지니고 있는가를 판정하여, 불충분한 점 즉 육성해야 할 부분에 대해 구체적인 방법을 연구하여 효과적으로 적용시키는 데 있다. 특히 기능자 양성과 같이 장기적, 계획적, 조직적인 교육이 필요한 경우에는 교육목표, 수준, 시간 수, 내용, 제목을 순서별로 상세하게 커리큘럼을 짜서 계획에 의한 원활한 실시가 이루어지도록 해야 한다.

② 직무수준의 필요성

미용기업에서 교육훈련의 필요성(training needs)은 직무와 관련시켜 고찰하는 것이 중요하다. 현재의 조직구성원이 보유하고 있는 직무기능을 전제로 하여 훈련 및 개발계획이 시행되어야 한다는 것이며, 현재뿐만 아니라 미래의 기능을 위한 것이 될 수도 있다. 그리고 직무기능을 전제로 하여 훈련 및 개발이 이루어지려면 그 직무가 요구하는 직무요건이 밝혀져야 한다.

③ 개인 수준의 필요성

개인 수준의 필요성은 개인단위로 훈련 및 개발의 결과를 분석, 평가함으로써 파악할 수 있다. 조직구성원들의 개인별 훈련 및 개발의 성과를 관찰하고 태도조사 혹은 성과의 객관적 기록 등을 통해 평가하여 새로운 훈련 및 개발의 목표를 설정할 수 있다. 훈련 및 개발에 대한 개인적 욕구를 고려할 때 경영자는 개인차(individual difference)가 개별적인 욕구에서뿐만 아니라, 훈련 및 개발프로그램에 대한 반응에도 영향을 끼치므로 반드시 고려해야 한다.

직무에서 교육의 필요성을 찾아내는 과정

직능	직장 내 직무교육	직무수행의 과정	직무수행에 중요한 지식, 능력, 태도	교육현상의 필요한 훈련
직원들의 일반교육	예절교육 : 예절 및 서비스에 관해 직원에게 지식훈련	미용기업 내 규칙을 전반적인 교육의 필요성을 인지시킨다.	미용기업 정신을 투철히 심어주고 질서 있는 교육훈련 습득	직장예절에 필요한 기술훈련
	매장 내 교육 : 직원관리 및 직무수행	조직의 전략 및 목표, 합리적이며 효율적 작업절차	구성원들 간의 믿음, 신뢰, 인식의 공유	팀원들 간의 커뮤니케이션 기술 및 적응성
	전문기술 교육 : 작업 환경개선 및 작업의욕 향상	팀원들과 관계 개선	대인관계 원활 및 리더쉽의 지식습득	동기부여 확립 목적의식강화 사기진작의 교육
실기토의	실제·사례	실제·검토	발표·사례	적응실습

4) 직원의 직무분석 및 평가

직무분석이란, 직무를 구성하는 과업의 내용과 그 직무를 수행하기 위해 종업원에게 어떤 행동이 요구되는지를 찾아내는 과정을 말한다. 구체적으로 작업자가 하는 일의 종류, 그 직무를 수행하는 데 요구되는 특성, 과업 수행 방법, 시기 및 이유, 작업환경과 작업할 때의 행동 방법 등을 결정하기 위해 직무에 관한 정보를 체계적으로 수집하는 과정이다.

(1) 직무분석의 목적 및 바른 기법규명

종업원의 업무지식(knowledge), 업무기술(skill), 업무능력(ability)에 대한 K·S·A 기법은 직무성과 법과 관찰법 및 행동 체크리스트법이다. 종업원의 복지향상이나 임금보상과 같은 인사활동에서 중요한 기법이기도 하다.

(2) 분석기법의 활용 및 수반되는 비용과 유용성 고려

행동체크 리스트 같은 경우는 가장 적은 비용으로 직무에 따라 종업원의 행동을 분석할 수 있다. 반면 중요사건 기록과 관찰법은 가장 큰 비용을 수반한다. 직무분석의 목적에 따라 선택을 신중히 선택해야 한다.

(3) 분석기법 선택 및 조직 인사관리의 활용과 실용성 고려

직무평가를 통해 기준임금을 설정한다고 가정하자. 인터뷰나 행동 및 과업 체크리스트로 직무평가를 할 경우, 모든 응답자가 자신의 직무가 가장 중요하고 어려워서 높은 임금을 요구할 것이다. 어떤 기법들이 가장 효과적으로 직무분석의 목적을 달성할 수 있는가에 대해 조직상황에 비추어 고려해야 한다.

02 인사 관계 관리

1) 인사관리의 새로운 패러다임

(1) 인사관리의 정의

인사관리(personnel management)란 기업경영에 필요한 인력이 조직에 입사하면서부터 퇴직할 때까지를 관리하는 것이다. 인력의 유입과 개발성과 평가 및 보상, 인력유지와 방출 등 인력에 관한 계획·실행·통제를 하는 활동이다. 하지만, 현대경영에서의 지식사회로의 변화, 조직의 신축적 조직으로 변화, 개인 근로자의 태도 변화, 그리고 인사관리 환경 변화 등은 인사관리의 새로운 패러다임과 인사담당자의 전략적 역할을 요구하고 있다. 경영자 역시 지식근로자의 중요성을 인식하고 있다. 과거 경영자들은 세무관리가 매우 중요하고 사람관리란 부분적으로 필요한 기능일 뿐 중요한 기능은 아니라고 생각했었다. 하지만, 21세기에 접어들면서 조직의 가장 큰 성공 요인은 사람이라고 느끼게 되었고, 사람을 중심으로 모든 다른 자원들을 재배치하는 조직들이 늘어나기 시작하고 있다. 벤처조직, 뮤츄얼 펀드를 취급하는 증권 브로커 조직, 초우량 작업조직, 전문적인 노사관계 담당자, 인터넷 마케팅 등 모든 기능이 능력 있는 '사람' 중심으로 묶여가고 있다. 왜냐하면, 기술이란 어느새 또 다른 조직에 의해 복사당하고 만다. 그러나 지식근로자는 항상 새로운 지식을 창출하고 기존의 것과 결합을 통해 또 다른 지식을 생성할 수 있다. 이처럼 지식사회의 도래와 함께 지식근로자의 출현은 기업경영의 프로세스 자체를 재검토하게 하고 있으며, 새로운 인사관리의 필요성을 재촉하는 것이다. 이처럼 인사관리는 조직체에서 모든 기능과 활동을 의미하는 인적자원의 확보와 활용 및 인적자원의 보상과 개발을 포함한 경영의 한 과정을 말한다.

(2) 인사관리 조직체의 기능

인사관리는 ① 채용과 배치, 승진관리 ② 직무평가와 인사고과 관리 ③ 교육훈련관리, ④ 취업관리 ⑤ 임금(보상)관리 ⑥ 복지후생관리 ⑦ 징계와 해고관리 등이 핵심요소에 포함되고 있으며, 인적자원 관리는 ⑧ 인간관계 관리 ⑨ 노사관계 관리 ⑩ 행동과학 등을 취급하고 있다. 따라서 인사관리 개념으로 인적자원 관리를 취급하는 형태는 다음과 같은 특성을 지니고 있다.

첫째, 기술변화에 대응하는 노동의 질적·양적 변화이다.(사무자동, 공장자동화, 극소전자혁명)

둘째, 산업구조의 변화에 대응하는 서비스산업 근로자의 증가현상이다.(부동산, 통신업, 의료와 보험, 도·소매업, 운수업, 금융, 교육)

셋째, 제도적으로 성차별, 성희롱 금지 등 여성의 인권을 보장하면서 여성의 경제적 활동 증가의 변화이다.(여성의 높아진 교육수준, 직업능력 개발과 향상, 가치관의 변화.)

넷째, 노동력 부족으로 외국인 노동자가 대두하고 있다.(인재파견 사업이라는 신종사업이 생기고 시간제 고용이 생겨났다.)

다섯째, 신세대와 골드칼라의 새로운 등장이다.(신세대의 생활방식과 가치관으로 말미암아 기업에 대한 충성심, 근속의식, 정년의식이 크게 흔들리고 있으며, 지식수준과 소득수준이 향상으로 새로운 변화와 상황에 대처하여 적응능력이 높은 외국으로 이동하여 능력을 발휘하는 고부가가치 생산 인력인 골드칼라의 등장이다.

올바른 인사관리를 위해서는 각자의 능력을 최대한 발휘시켜 개인이나 그 자신의 직무에서 최대의 만족을 얻으며, 작업집단의 일원으로서도 만족을 얻을 수 있도록 조직의 생산성 향상을 위해 노력하는 주체가 되어야 할 것이다.

2) 인적자원 관리의 필요성

(1) 인적자원 관리의 개념

인적자원 관리자는 최고경영자의 정보원천이 되어야 한다. 인적자원 관리자는 조직의 분위기가 어떻게 돌아가고 있으며, 직원들이 무엇을 생각하고 있는지 구성원들에게 영향을 미치는 조직의 활동이나 의사결정에 사람들은 어떠한 태도를 보이고 있는가를 알아야하며, 정보를 적절히 평가하여 이들의 태도에 어떻게 대처해 나갈 것인가의 구체적인 방안을 최고경영층에 제시하여야 한다. 조직에서 각기 다른 부문 계층에서 일하는 사람들은 각각 관점이 다르기 때문에 이들 간의 의사소통을 원활히 하여 중재, 조정 역할을 하는 것이 인적자원 관리자의 임무 중 하나이다.

(2) 인적자원 관리의 기본 목표

인적자원 관리의 첫 업무는 조직원의 인력확보에서부터 시작된다. 조직원의 적절한 선발이 인적자원 관리의 출발점이 된다는 사실은 바꾸어 말해서 인력확보의 합리화가 곧 인적자원 관리의 운명을 좌우한다는 뜻과도 통하는 것이다. 또한, 능력과 자질을 갖춘 인재를 확보하고, 업무수행 의욕을 높이려고 이들의 성과에 따라 대우받을 수 있는 조직여건을 구축하는 것이 필요하다. 이같이 고려되는 것이 성과와 능력을 중심으로 하는 인사제도의 구축이다.

인적자원 관리가 조직의 인적측면을 다룬다는 특징이 있으나, 조직이라는 제약 내에서 보면 조직의 목표, 즉 생산의 목표와 유지의 목표를 함께 달성하는 것이 되어야 한다. 생산성 목표 또는 과업목표는 구성원들의 만족과 같은 인간적인 측면보다 과업 그 자체를 달성하기 위한 조직의 목표를 말한다.

산업화에 따른 작업의 단순화, 전문화에서 파생되는 소외감, 단조로움, 인간성 상실에 대한 반응과 새로운 기술의 등장으로 말미암은 작업환경의 불건전성에 대한 반응으로서 나타난 근로생활의 질이며 이것은 근로자 작업환경과의 관계를 광범위하게 포괄하는 것을 뜻한다.

(3) 인력확보 및 유지관리

미용기업은 사람이라고 이야기한다. 또한, 미용기업 경쟁력은 인재로 승부한다. 따라서 경영자의 최대과제는 우수인재를 어떻게 채용하고 그 인재의 능력을 어떻게 하면 최대로 활용할 수 있는가 하는 문제다. 왜냐하면, 인력확보는 기업의 성공유지 발전을 위한 인재의 선발이기 때문이다. 인력계획은 현재 및 장래의 각 시점에서, 미용기업이 요구하는 종류의 인원수를 사전에 예측하고 계획하는 것이다. 인력계획은 확보관리를 위해서만이 아니라, 승진, 이동관리, 훈련계획, 임금계획, 등과도 밀접한 관련이 있다. 계획적인 승진이나 이동을 시키려면, 사전에 조직 내 각 직위의 필요한 인원수와 변동관계를 파악하여야 하기 때문이다.

03 경력 관리와 인사고과

1) 경력개발 및 관리

(1) 경력 관리의 개념

경력이란 한 개인의 일생을 두고 일과 관련하여 얻게 되는 경험 및 활동에서 지각된 일련의 태도와 행위라고 정의한다. 또 경력은 개인이 평생 가지게 되는 경험의 과정을 뜻하는 것으로 이력서에 나타날 모든 직무의 집합을 말한다. 개인적인 인생의 목표를 설정하고 이를 달성하기 위한 조직과 개인 모두의 의식적인 노력이 필요하며, 개인과 조직의 경력개발 욕구에 대한 상호 일치와 체계적인 경력관리를 통해 효과적인 경력발전을 기대할 수 있다. 경력에 대한 일반적인 의미가 조직경영에서도 통용되지만, 조직에서의 경력은 경험의 범위와 시간과 일의 형태가 제한되어 사용된다. 다시 말해 조직에서 경력은 조직목표를 달성하는 데 필요한 종업원 경력을 조직이 개발하고 관리한다는 의미를 강하게 내포하는 것으로 이를 경력이라고 한다. 경력은 다음과 같은 세 가지 의미를 함유하고 있다.

첫째, 어원적 의미로서 경력은 희랍어의 “빠른 속도로 달리다.” 의미를 뜻하는 것으로 시간이 지남에 따라 축적, 발전, 상승하는 것을 말한다. 승진을 경력발전으로 간주하는 뜻으로 해석되기도 한다. 둘째, 경력은 직무에 관련된 일정한 경험, 직위, 직무관련 의무상황에 대한 자신의 직업생활에 일정한 활동패턴이라고 정의하고 있다. 셋째, 경력은 전문직과 같이 특별한 업무수행 능력을 말할 때도 사용되며, 직업생활을 영위하면서 경험하는 직무와 관련된 다양한 변화를 의미한다.

(2) 경력개발의 정의

경력개발(career development)이란, 개인적인 경력목표를 성장하고 이를 달성하기 위한 경력계획을 수립하여 조직의 욕구와 합치될 수 있도록 경력을 개발하는 활동을 말하며, 경력개발은 조직과 개인 모두의 의식적인 노력이 필요하고, 조직의 요구와 개인의 욕구를 일치시킬 때에 그 성패가 달렸다고 볼 수 있다. 따라서 종업원의 현재와 미래에 필요한 업무능력을 개발하며, 조직이 종업원의 경력개발을 적극적으로 후원, 관리하는 것이다.

즉 경력관리는 종업원과 조직의 경력개발 욕구를 조화, 융합한다는 특징을 가지고 있다. 경력관리는 종업원의 경력계획과 조직의 경력개발이 다른 욕구를 하게 될 때 자칫하면 경력개발이 서로 다른 방향으로 나아갈 수 있다. 예를 들자면, 개인이 조직전략 실행에 필요한 K·S·A를 배양하지 않고 자신의 경력계획만을 위해 매진하고 있거나, 조직 역시 조직전략과 전혀 다른 방향에서 종업원 경력 개발을 하는 경우가 이에 해당한다.

그러므로 효과적인 경력관리를 위해서는 체계적인 과정을 통해 조직의 조직전략과 종업원 경력욕구의 방향성, 즉 개인과 조직 경력개발의 전략적 방향성을 일치시켜야 할 것이며, 나아가 효과적인 종업원의 경력발전 통한 조직목표 달성의 기폭제로 작용할 수 있다. 경력은 성공한 사람이나 실패한 사람을 구분할 수 없으며, 전문성과 비전문성의 경험이든, 개인이 지나온 과거의 경험과정을 의미한다.

첫째, 개인관점에서 종업원 자신은 현재와 미래에 필요한 경력을 계획하고 개발하려고 한다.

둘째, 조직관점에서 조직은 조직목표 달성을 쉽게 하려고 종업원 경력개발을 조직전략에 맞게 관리하고자 한다. 조직은 종업원 경력개발을 통해 조직전략 실행에 필요한 인력충원, 직무배치, 인력승진과 이동을 어떻게 할 것인지를 결정할 수 있다.

(3) 경력개발의 목적

경력개발의 목적은, 사회 가치관의 변화에 대응하는 인간의 욕구인 삶의 질 향상과 조직의 생산성 향상에 있으며, 개인의 일생의 경험과정을 통한 인생목적의 이념 실현과 조직의 목적을 동시에 실현하는 데 있다. 경력개발의 구체적 목적은 다음과 같다. 개인과 조직의 유효성을 성취할 수 있도록 한다. 경력개발의 중요한 목적은 능력 있는 종업원을 성장시킬 수 있는 프로그램을 설계하는 것이다. 또한, 진부화를 방지하는 데 있다. 경영자와 종업원의 부적한 경력계획과 경력계발에 기인한 훈련, 개발의 부족과 모티베이션 부족으로 발생하는 인력의 구식화를 방지하자는 것이다. 이직과 인사비용을 감소시킨다. 기업이 종업원의 경력을 계획하도록 도와줄 때 더 많이 낮은 이직률과 인사비용이 소요되어 이익을 볼 수 있게 된다.

현재에 존재치 않는 많은 직무가 생길 것이며, 또 직무의 전문화가 가속화될 것이므로 보다 포괄적으로 관리하기 위해서는 인적자원의 경력개발이 필요해진다.

인적자원의 더욱 효율적인 활용이 필요하다. 즉 기술은 앞으로 전문화가 가속되고 그 수준도 높아지며, 조직은 인적자원의 효율적인 활용이 요청되며, 경력개발과 결합할 때 그 가능성도 커진다.

경력개발이 갖는 장기적, 계속적 속성 때문에 조직 내에 훈련된 스텝개발의 체계를 구축할 필요가 있다.

2) 인사고과 및 성과보상

(1) 인사고과의 정의

인사고과는 조직 내의 종사하는 종업원의 근무성적이나 능력 등을 조직체에 대한 유효성의 관점에서 평가하여, 이들의 상대적 가치를 조직적으로 결정하기 위한 제도이다. 인사고과는 조직을 관리하려면, 어떠한 형식과 기준에 의해서든 반드시 수행되어야만 하는 가장 기본적인 인사관리 활동이다. 특히 목표달성과정에서 각 개인이 발휘하는 능력이나 회사의 기여도를 합리적이고 객관적인 방법에 의해 평가하는 기준이기도 하다. 이러한 인사고과를 통해 개인에 대한 보상의 기초자료를 마련하고, 개인적인 성장에 대한 방향도 제시하여야 한다.

다음과 같은 3가지로 인사고과의 목적을 나누어 볼 수 있다.

- 적정배치 : 종업원의 적성, 능력을 정확하게 평가하여 적정하게 배치함으로써 종업원들을 효율적으로 활용할 수 있다.
- 능력개발 : 종업원의 현재의 잠재능력을 신중히 평가하여, 기업의 요구 및 종업원 각자에게 성장기회를 충족시킬 수 있다.
- 공정대우 : 종업원의 능력 및 업적을 평가하여 급여, 상여, 승진 등에 반영함으로써 더욱 정당한 대우를 하며 종업원들의 사기진작과 동기부여를 통해 업무증진에 이바지한다.

인사고과제도의 운용 실태를 보면 주로 임금관리상의 승급, 상여금 결정을 위한 수단으로서, 상·벌칙 또는 통제적 목적에 이용되었다. 따라서 인사고과에 관해서 종업원들은 여러 가지 불만과 문제점을 갖고 있는데 그 이유는 다음과 같다.

- 인사고과의 기준이 불명확하여 고과결과에 대해 신뢰성이 낮다.
- 승격상여 등 고과의 목적이 다양하지만, 언제나 똑같은 고과를 하고 있다.

- 앞에서만 열심히 하는 사람은, 언제나 좋은 평가를 받고, 진실로 노력하고 있는 사람이 보상받지 못하는 경우가 많다
- 점수방식의 고과표는 형식화되어 있으며, 결론이 미리 내려진 상태에서 역산되고 있는 경우도 있다.
- 고과제도는 1회의 점수부여에 의한 서열화로 인식되어 고과결과가 계속 일상적 인지도에 활용되지 않고 있다
- 고과제도가 정확하다 해도 조정단계가 많으면 실태를 정확하게 파악할 수 없게 수정된다.

(2) 성과보상의 의미

성과보상이란, 종업원이 조직에 기여한 근로의 대가를 금전적, 비금전적 보상으로 제공받는 것을 말한다. 근로의 대가는 금전적인 것과(임금), 비금전적인(직무환경 개선 등) 보상을 모두 포함한다. 조직은 성과보상을 통해 종업원들을 외부로부터 유인하고, 현 직장에서 종업원들의 동기부여와 조직향상을 촉진시키기 위해 효과적인 성과보상의 설계와 운영에 대한 지침을 마련하는 데 목적을 둔다.

첫째, 성과보상의 정의와 유형, 그리고 임금에 대해서 먼저 알아본다.
둘째, 성과보상의 기본원칙과 전략적 선택을 통해 상이한 효과성을 이해한다.
셋째, 효과적인 성과보상을 실제 수행하는 데 사용할 수 있는 방법들을 알아본다.
넷째, 최근 드러나는 성과보상의 특별 이슈를 알아본다.

성과보상제도는 시스템 공정성이 선행되지 않고서는 보상절차와 분배의

공정성이 이루어질 수 없다. 임금구조의 합리성과 종업원의 능력개발을 성과보상의 공정성을 확립하려고 다음과 같이 제시하였다.

첫째, 목표를 일치시켜라. 경영자와 종업원들이 미용기업의 이익을 위해 행동하도록 하려면 경영자와 종업원들의 목표를 미용기업의 목표와 일치시키는 것이 중요하다. 즉 성과보상이 기업의 가치를 창출하는 데 이바지한 것과 비례해서 이루어져야 한다. 이러한 관점에서 경제적 부가가치인 EVA(Economic Value added)의 활용을 고려해 볼 수 있다. EVA는 기업의 이해관계자에게 속하는 모든 비용을 차감하고 순수하게 기업으로 돌아가는 이익을 측정한 것이다. 따라서 EVA의 향상은 곧 기업가치의 향상과 직결된다.

둘째, 향상된 만큼 보상하라. 성과보상은 절대적인 EVA의 양에 의해서가 아니라 EVA의 증가분에 따라 지급되어야 한다. EVA가 (-)인 사업을 맡아 비록 (+) EVA를 달성하지는 못했다 하더라도 (-) EVA의 크기를 줄인 것은 EVA가 (+)인 사업에서 EVA를 증대시킨 것과 마찬가지로 성과를 향상시키고 부를 창출한 것이다. 따라서 EVA를 향상시킨 만큼 보상하는 것이 공정하다. 이렇게 함으로써 능력 있는 경영자와 종업원들이 수익성이 좋은 것만 찾고 수익성이 낮은 것을 꺼리는 문제를 해결할 수 있다. 어려운 사업에서 문제를 해결하는 것은 전망이 좋은 사업에서 높은 성과를 내는 것만큼이나 수익성 향상에 도움이 된다는 것을 잊지 말아야 한다.

셋째, 한 가지 성과지표로 통일하라. 성과보상은 가능한 한 여러 측정지표가 아닌 전체 사업성과를 나타낼 수 있는 하나의 지표로 이루어지는 것이 바람직하다. 하나의 성과지표로 통일하면 전사적으로 목표나 성과에 대해 의사소통하기 쉽고, 부문별 이기주의에 의한 편협한 행동을 방지할 수 있다. 생산부서의 관리자들과 판매/영업부서의 관리자들을 각기 다른 성과

지표로 평가하는 기업들을 흔히 발견할 수 있다. 이렇게 되면 이들 각 부문의 관리자들은 자기들만의 관점을 고수하고, 조직 전체의 이익보다는 자신들의 성과를 높이려고 노력하게 된다. 그러나 성과보상을 한 가지 성과지표로 통일하고 이의 향상을 목표로 한다면, 모든 조직원이 그 성과지표의 결과에 대한 책임을 공유하므로 기능 간, 조직 계층 간 협조가 자연스럽게 일어날 수 있게 된다. 이러한 이점에도 많은 기업주는 EVA와 같은 하나의 지표에 근거하여 성과보상을 하는 것을 꺼리고 있다. 이들은 여러 지표를 사용하여야만 의도한 전략을 제대로 나타낼 수 있고, 이를 조직 구성원에게 전달할 수 있다고 믿는다. 그러나 오히려 여러 지표를 활용하게 되면, 이들 사이의 관계가 복잡해져서 목표가 불명확해지고 혼란을 일으킬 수 있다.

넷째, 상한선을 두지 마라. 대부분 회사가 성과보상의 총액을 정하고 그 안의 범위에서 배분하려고 한다. 그러나 보상의 한도를 정하면 성과도 제한되기 마련이다. 만약 성과보상이 부가가치 창출과 밀접하게 관련되지 않은 측정지표들에 이루어진다면 성과보상에 상한선을 두는 것이 타당할 수 있다. 왜냐하면, 성과보상으로 지급할 수 있는 부의 크기가 이들 측정지표와 연결되지 않아 적정한 성과보상수준을 초과하여 보상이 이루어질 수 있기 때문이다. 그러나 성과보상 시스템이 EVA와 같이 종업원들이 추가로 창출한 부가가치를 기준으로 한다면 아무리 성과보상액이 늘어나도 문제가 없다. EVA의 증가가 곧 성과보상을 할 수 있는 부의 증가를 의미하기 때문이다. 성과보상의 크기를 제한하게 되면 종업원들에게 호황기에 사업이 달성할 수 있는 잠재적 이익을 더욱더 확대시키기보다는 어려울 때를 대비해 이익의 일정부분을 유보해 놓음으로써 평균적인 성과를 거두고자 하는 유인을 제공할 수 있다. 더 이상의 성과보상이 기대되지 않는데 추가적인 성과를 거두려고 노력을 기울이는 사람은 없을 것이다. 따라서 경영자와 종업원이 기업의 처지에서 생각하고 행동하도록 하려면 주주가 받는 배당금과 마찬가지로 성과보상이 경영활동의 결과로 나타나는 추가적인 부에 근거하여 이루어져야 한다.

다섯째, 장기적인 관점을 유지하라. EVA가 효과적인 성과보상 지표임에는 분명하지만, 일정기간 동안 획득된 EVA가 미래에도 계속 유지, 향상되려면 주의가 필요하다. EVA 역시 단기 성과지표이기 때문이다. 따라서 경영자가 장기적인 성장기회를 희생하여 일시적으로 EVA를 높이지 못하도록 장기적인 관점에서의 성과보상시스템을 설계하여야 한다. 그 한 가지 방법으로 활용하는 방안이 그해 달성한 성과보상 일부를 유보해 놓고 기존의 EVA가 유지 또는 향상될 때만 지급하는 것이다. 기업의 성과가 떨어지면 주가가 내려가는 것과 마찬가지로 만약 EVA가 줄어든다면 미뤄진 성과보상은 그만큼 줄어든다. 그러나 이러한 방법은 종업원들로 하여금 기업의 장기적인 이익을 위해 의사결정을 내리도록 유도하기도 하지만, 유보비율이 과도하면 성과보상 시스템이 목적으로 하는 동기유발 효과를 감소시킬 수도 있다. 따라서 균형 잡힌 유보비율이 관건이다.

여섯째, 성과와 보상 간에 인과관계를 명확히 하라. 성과와 보상 간에는 명확하고 객관적이며 신뢰할 수 있는 연결고리가 존재해야 한다. 종업원들이 자신이 어떻게 평가될 것인가에 대해 명확히 알고 있지 못한다면, 그 성과보상 시스템은 잘못 설계된 것이다. 효과적인 성과보상 시스템이 되려면 조직 구성원들이 자신들이 거둔 성과에 대해 어느 만큼의 보상이 주어지는지 분명하게 알 수 있어야 한다. 이를 위해서는 성과와 보상 간에 인과관계가 사전에 명확하게 정의되고 일관성을 가져야 한다. 성과보상을 계획대비 목표달성에 근거해서는 안 되는 이유도 여기 있다. 계획대비 목표달성을 성과보상기준으로 하면 사업계획이 달라짐에 따라 같은 성과를 거두고도 보상이 달라진다. 따라서 경영자들은 의욕적인 사업계획을 세우기보다는 사업의 성공가능성을 실제보다 낮게 평가·보고하고 중요한 정보들을 이사회나 본부 스태프에게 알리지 않음으로써 더욱 많은 보상을 얻고자 하는 유인이 생긴다. 그러나 성과보상기준이 명확하게 정의된 성과보상 시스템하에서는 경영자들은 목표를 설정하는 데 의욕적이고, 환경변화에 따라 전략을 보다 유연하게 바꿈으로써 최대 성과를 달성하려고 노력하게 된다. 왜냐하면, 목표 달성 여부에 따라 성과보상을 받는 것이 아니라, 달성한 EVA의 크기에 의해 보상받기 때문이다.

지금까지 효과적인 성과보상 시스템을 구축하려고 고려해야 할 원칙에 대해 살펴보았다. 기업과 경영자 및 종업원의 목표를 일치시키는 것은, 기업가치의 극대화를 위해서 달성해야 할 기업의 필수 과제이다. 성과보상 시스템은 이를 위한 가장 효과적인 방법인 만큼 조직 구성원에게 매우 민감한 사항이다. 한번 구축되고 나면 일정기간 동안 변하지 않고 실행되는 것이 일반적이다. 따라서 위와 같은 원칙을 활용하여 성과보상 시스템을 새로이 구축하려면 조직여건을 고려하여 매우 조심스럽게 접근하여야 할 것이다.

3) 임금관리의 개선방향

(1) 임금관리의 정의

임금관리는 임금총액의 영역과 개개인의 임금을 어떠한 원칙과 기준에 따라 결정하는가의 개별임금 결정에 대한 관리의 영역으로 나눌 수 있으며, 기업이 근로자에게 지급하는 1인당 평균임금액이며, 임금체계는 일정한 임금총액을 어떠한 방식으로 공정하게 배분하는가에 중점을 두는 것이다. 기업의 임금관리 목표를 인건비 절약과 종업원의 동기유발이라고 할 때, 임금수준과 체계를 상호유기적인 관계 속에서 종합적인 하나의 실체로 파악하여 임금이 적정한 수준에서 결정되고 임금체계가 공정하게 이루어지며 임금형태가 합리적으로 지급될 때 임금의 동기유발 기능이 살아나고 임금관리의 효율성이 증대하게 된다. 조직구성원들에게 제공하는 임금의 크기와 관련된 것으로 가장 기본적이면서도 적정한 임금수준은 종업원의 생계비 수준, 기업의 지급능력, 사회 일반의 임금수준을 충분히 고려하면서 관리해야 한다. 임금체계의 관리는, 임금수준의 관리가 기업 전체로서 임금을 각 개인에게 이 총액을 배분하여 개인 간의 임금격차를 가장 공정하게 설정함으로써, 종업원들이 이를 이해하고 만족하며 동기유발 되도록 하는 데 그 내용의 중점이 있다. 임금체계를 결정하는 기본적인 요인의 필요기준, 담당직무기준, 능력기준, 성과 기준 등을 들 수 있는데, 이는 임금체계의 유형인 연공급, 직능급, 직무급체계와 관련된다. 임금형태로는 시간급. 성과급 이외에 특수임금제의 형태로서, 집단자극임금제, 순응임금제, 이윤분배제, 성과분배제도를 들 수 있다. 이상과 같은 임금관리의 지주는 각자가 독립적으로 작용하는 것이 아니라, 서로 상호보완적으로 작용하여 기업과 종업원에게 최대의 만족을 제공할 수 있게 되어야 할 것이다.

(2) 임금수준의 기준

임금수준의 관리는 대외적은 노동시장과의 관계 위에서 임금의 균형을 유지하는 일과 임금의 상한·하한의 관리가 그 대상이 될 것이다. 이런 의미에서 임금수준은, 임금예산의 수준 전체기업의 상대적인 임금수준을 나타내는 의미로도 쓰일 수 있으나 보통 임금수준의 논의는 기업 전체의 임금수준 즉, 일정한 기간에 특정기업 내의 모든 종업원에게 지급되는 평균임금으로 이해하는 것이 타당하다. 임금수준에 영향을 미치는 요인은 다양하다. 그러나 기본적으로 임금수준결정의 3요소라고 일컬어지는 생계비,

기업의 지급능력 및 사회 일반의 임금수준을 고려해 볼 수 있다.

① 생계비수준

임금수준이라 하는 것을 종업원의 생활과 관련시켜 볼 때, 임금액 즉, 소득이 과연 생계비를 충당시킬 수 있느냐 하는 것이 기본적이 관심사가 된다.

② 기업의 지급능력

한 기업이 종업원에게 임금으로서 지급하는 인건비는 우선으로 그 기업의 지급능력 내에서 이루어져야 한다.

③ 사회 일반의 임금수준

임금은 인력의 확보 및 종업원의 사기향상과 직결된 까닭에 보상이 다른 여건을 충분히 감안하여 합리적으로 결정되었다. 하더라도 같은 지역, 업종의 임금수준 즉, 시장임금수준과 균형을 취하지 못하고 낮은 수준을 유지하고 있다면, 필요한 종업원을 획득하기는 불가능할 것이고 생산성의 향상은 더욱 기대하기 어려울 것이다.

임금수준을 어떻게 결정할 것인가 하는 문제는, 임금수준을 결정해 주는 여러 요인을 합리적으로 조합하여 해결할 수 있다. 상한선을 기업의 지급능력으로 하되 종업원의 생계비 수준이 하한선이 되고, 타사 수준 등의 사회적 균형의 문제가 양자의 조정요인으로서 그 중간에 있게 하는 것이 가장 바람직한 임금수준결정의 구조라고 할 수 있다. 한편, 상한선을 생산성으로 보는 학자도 있으나, 이는 지급능력과 크게 다르지 않은 것이며, 조정요인으로 노동력의 수급관계, 노사교섭력 등을 들고 있으나, 이것 또한 사회적 균형과 마찬가지의 의미로 볼 수 있다.

(3) 성과주의 임금관리

임금은 사용자 측에서 원가구성항목으로, 종업원 측에서 소득의 원천으로 상반된 이해관계를 보이기 때문에 종업원의 욕구를 충족시키면서 기업의 이익을 보장할 수 있는 합리적인 임금관리가 필요하다. 특히 성과가 태도, 능력, 환경의 함수에 의해 결정될 때, 인사관리에서 임금관리는 태도(동기부여)와 환경조성에 중요한 의미가 있다. 최근 급변하는 기업환경은 기존의 연공과 수당중심의 임금관리에서 성과주의 임금관리, 즉 직무성과급과 연봉제로의 변화를 가져오고 있다. 특히 고령인력의 증가와 비정규직법의 제정은 한때 많은 기업이 도입을 시도했던 직무급을 다시 검토하게 하고 있다.

① 연공급

임금이 근속을 중심으로 변화하는 것으로 기본적으로 생활급적 사고원리에 따른 임금체계라 할 수 있다. 장기간의 훈련이 필요한 직종에서는 연공에 따라 임금이 승급되고, 임금격차가 연공에 의하여 정해지는 과정을 거치는 것이 연공=능력=업적 등의 논리와 기간까지는 일치되는 면이 있다.

의의 및 장단점

연공급이란 종업원의 근속연수, 학력·나이 등의 기준으로 임금을 차별하는 제도이다. 속인적 요소가 중요한 조직이나 대량생산체계에서 숙련이 중요한 조직에 적용될 수 있다. 조직의 안정화와 생활안정, 위계질서의 확립, 실시가 쉽다는 장점이 있다. 반면에 전문 인력의 확보가 곤란하고 인건비 부담증가, 소극적이고 종속적인 근무태도의 야기, 능력 있는 젊은 층의 사기저하라는 단점이 있다.

형태

연공급에는 연령급과 근속급이 있고 임금액에 따라 직선형, 볼록형, 오목형, S형이 있다. 연령급은 연공요소 중 종업원의 나이가 주요 평가기준이 되는 것으로 생계비적 성격이 강한 임금형태이다. 근속급은 연공요소 중 종업원의 근속연수에 따라 임금을 지급하는 형태로서 호봉제가 대표적이다.

- 직선형 – 라이프사이클(life cycle)에 따른 생계비 보장의 의미가 강한 연공급과는 거리가 있는 형태이다.
- 볼록형 – 직무의 난이도 또는 직무의 수행능력이 일정한 연한까지는 상승하지만, 그 이후에는 체감하는 경우 고려되는 형태이다. 현장부분, 육체노동 종사자의 승급 곡선으로 이용된다.
- 오목형 – 난이도 또는 직무의 수행능력이 근속연수에 따라 증가하는 경우 고려되는 형태이다. 고도의 전문직, 관리부문 사원의 승급 공석으로 이용된다.
- S형 – 기능의 습득 및 숙련의 형성이 초기에는 증가하나 일정 기간 이후에는 점차로 감소하는 상황에 해당한다. 나이에 따라 육체적 능력이 변화한다고 보았을 때 4가지 형태 중 합리적 모형으로 가장 많이 활용된다.

② 직능급

직능급 체계는 직무수행능력에 따라 임금의 사내격차를 만드는 체계이며, 능력급체계의 대표적이다. 어떻게 직능을 결정하고, 임금차이를 어떻게 내느냐에 여러 가지 형식이 있다. 가장 전형적인 것은 직무분석을 하여 직무평가에 따라 직무수행능력을 계층별로 정의하고 사원 개개인을 이처럼 결정된 각 직무급에 배분하는 방법이다.

③ 직무급

직무급체계란, 직무의 중요성에 따라서 각 직무의 상대적 가치를 평가하고, 그 결과에 따라 임금액을 결정하는 체계이다. 직무급(base rate for job class, wage based upon job evaluation)은 기업 내의 각자가 담당하는 직무의 상대적 가치(질과 양의 양면)를 기초로 하여 지급되는 임금이므로 먼저 직무의 가치서열이 확립되어야 하고, 이 가치서열의 확립을 위하여 직무평가가 이루어져야 한다. 이는 같은 직무에 대하여는 같은 임금을 지급한다는 원칙(equal pay for equal work)에 입각한 것으로서 적정한 임금수준의 책정과 더불어 각 직무기능 간에 공정한 임금격차를 유지할 수 있는 기반이 된다.

(4) 직무성과급과 연봉제

① 직무성과급

직무성과급은 고정급 성격의 직무급과 변동급 성격의 성과급을 결합한 성과주의 임금관리를 실현하기 위한 제도이다.

㉠ 직무급의 의의 및 장단점

직무급이란 직무의 중요성·난이도 등에 따라서 각 직무의 상대적 가치를 평가하고 그 결과에 따라 임금액을 결정하는 임금체계이다. 이는 동일직무 동일임금의 원리가 적용된다. 직무에 상응하는 급여지급, 개인별 임금 차 불만의 해소, 동일노동 동일임금의 원칙에 충실하다는 장점이 있다. 반면에 직무내용의 명확, 직무의 안정, 적정한 직무평가 방법 등이 직무급 실시의 전제조건이나 대부분이 이러한 조건을 충족시키기 어렵다. 또한, 직무와 능력의 결합이 잘되지 않는다는 점, 장기 근속자에게 불리하고 조직의 다기능화 요구를 충족시킬 수 없다는 단점이다.

직무급의 형태로는 평점별 단순직무급, 직급별 단일직무급, 직급별 범위 직무급이 있다.

㉡ 직무급의 앞으로의 방향

직무급은 직무의 가치에 따라 임금을 차별하므로 비정규직에서 요구하는 동일노동 동일임금의 원칙을 확보할 수 있다는 점과 성과주의 임금관리의 기초인 직무관리에 기반을 둔다는 점에서 최근 주목받고 있다. 하지만, 직무급은 기업 측의 다기능화 요구와 고용유연화를 달성할 수 없다는 점에서 비정규직에는 한 직무에 고착화됨으로 써 개발가능성이 없다는 점에서 문제가 제기되고 있다.

이러한 측면에서 볼 때 앞으로의 직무급은 역할(role)·역량(competency) 중심으로 직무를 세세히 구분하는 것보다 핵심역량이 비슷한 직무 간의 묶기(Broad-banding)가 이루어져야 한다. 또한 직능(자격)급, 기술급(skill-based pay)을 통해 기업 측의 임금유연성과 비정규직의 개발가능성을 모두 달성할 수 있다. 물론 임금수준에 대한 관리는 필수이다.

직능급이란 연공급과 직무급의 절충형태로서 직무수행능력에 따른 임금체계이다. 종업원에게 직능자격제도에 의한 임금액을 명시하고 자기개발의 욕구충족은 물론, 장래의 임금액을 예상할 수 있게 함으로써 근로의욕을 향상시키는 장점이 있다. 반면에 직무급의 합리성과 연공급의 장점을 모두 상실하여 이것도 저것도 아닌 형식적 임금결정에 빠지기 쉽고, 너무 형식적인 자격기준에 치우쳐 실질적인 경영에 요청되는 시험제도가 조직의 분위기를 해치는 결과를 가져올 수도 있다.

㉢ 성과급

성과급은 개인성과급과 집단성과급이 있고 개인성과급은 실적급(incentive pay)과 고과급(merit Pay)로 나누어진다.

개인성과급제(상여금)

실적급 제도(incentive system) - 실적급, 인센티브제도는 첫째, 임금률 결정방법에 따라 일정시간당 생산단위에 기초하여 결정하는 방법과 제품단위에 기초하여 결정하는 방법이 있다. 전자는 과업수행시간이 짧을 때 많이 사용되고, 후자는 과업수행시간이 긴 경우 많이 사용된다. 둘째, 생산수준과 임금과의 관계에 따라 생산수준에 관계없이 일정한 경우와 변화할 수가 있다. 전자는 기준생산량보다 많이 생산했을 때에도 똑같은 임금을 적용하지만, 후자는 더 높은 임금을 적용하는 방법이다.

고과급 제도(merit system) - 고과급, 메리트 제도는 성과를 객관적으로 측정할 수 없는 대상에 대해 평가를 하여 성과급을 지급하는 것을 말한다. 메리트제도에서 중요한 것은 성과평가라 할 수 있고, 이에는 상대적 고과와 절대적 고과가 있다. 상대적 고과 법에는 직접적 서열법, 상호적 서열법, 짝비교법, 강제할당법이 있고 절대적 고과법에는 평정척도법, 체크리스트법, MBO(목표관리법), 자기고과법이 있다.

성과평가를 통해 성과급을 지급하는 형태는 객관적인 성과에 따라 임금을 조정할 수 없으므로, 승급 등 Base-up 제도를 통하여 임금 자체를 차이 나게 한다. 이러한 승급형태에는 자동승급, 업적승급, 절충승급방식이 있다.

집단성과급제(상여금)

직급 성과급제, 집단성과배분제도란 그룹단위의 보너스제도와 종업원참여제도가 결합한 조직개발기법이다. 즉, 집단성과배분제도에서는 종업원들이 경영에 참가하여 원가절감·생산성 향상 등의 활동을 통해 조직성과의 향상을 도모하고 그 이익을 회사의 종업원들에게 분배하는 제도이다. 유형에는 집단성과배분제(Gain-sharing)과 이익분배제도(profit-shring)이 있다. 집단성과배분제도는 매출액이나 이익증대가 아닌 생산비 절감 및 생산성 향상을 목표로 한다는 점에서 이익 배분제와는 구별된다.

성과급의 앞으로의 방향

앞으로의 성과급은 철저히 성과에 대한 보상으로 이루어져야 한다. 또한 실적급(incentive pay)과 고과급(merit pay)의 조화(mix)를 통해 성과급이 경쟁중심으로 이루어지는 것을 방지하고, 집단성과급의 도입을 통해 집단의 응집력을 높여야 한다. 이를 위해서는 성과의 성격에 따른 적절한 평가방법의 선택이 필요하다. 최근에는 집단성과급에서 장기적 스톡옵션이 많이 사용되고 있다. 성과급은 다른 인사기능과 정합성(alignment)을 갖도록 설계되어야 한다.

② 연봉제

㉠ 의의

연봉제란 일정기간, 보통 1년 단위로 임금을 능력과 실적을 기준으로 결정하는 임금형태이다. 연간단위로 지급한다는 의미보다는 연간단위로 성과를 고려해서 지급액을 결정한다는 의미가 더 강하다. 따라서 연봉제는 개개인의 능력, 실적 및 공헌도에 대한 평가를 기준으로 개인의 임금이 결정되는 성과중시형의 임금이라고 정의할 수 있다. 일반적으로 연봉제 형태는 총액 연봉제와 부분 연봉제로 나누어 논의되나 현실에서는 국가와 기업마다 그 나름대로 문화적 기반을 가지고 각각 도입하는 방법이 다르다는 점만 있을 뿐이므로 그 정형적인 형태가 존재한다고 보기는 어렵다.(총액연봉-수당존재 X, 부분연봉- 수당존재 O)

㉡ 우리나라 연봉제의 문제

우리나라 연봉제의 형태 또한 기업에 따라 달라 일반화하기에는 문제가 있다. 다만, 많은 기업이 일본식 연봉제를 거쳐 미국식 연봉제

형태를 도입하려 검토하고 있고, 미국식 연봉제를 이미 도입한 기업들에서는 여러 가지 문제점이 등장하여 우리나라에는 맞는 않는 제도라는 의견이 나오고 있다. 공통으로 등장하는 문제점으로는 다음과 같다.

개인 간 불필요한 경쟁유도

우리나라의 연봉제는 단기 업적결과와 개인성과급을 중시하여 개인 간 불필요한 경쟁을 유도하여 조직의 응집력을 해치는 결과를 가져왔다. 이에 따라 집단성과급의 도입을 검토하고 있으나 평가기준 대한 문제점과 무임승차(Free-Rider)가 발생할 수 있다는 점에서 그 수준이 낮은 실정이다.

보상재원의 부족

연봉제를 운용하는 데 있어 가장 큰 문제가 되는 것 중 하나가 바로 성과급 재원의 마련 방법이다. 일본식 연봉제는 보통 기존의 각종수당을 성과급으로 전환하는 Plus-Sum 방식을 취하고, 미국식 연봉제는 기존의 기본급 일부까지 성과급(고과급)으로 전환하는 Zero-Sum 방식을 이용해 성과급 재원을 마련한다. Plus-Sum 방식은 연봉제로의 전환에서 종업원의 합의를 이끌어내기 쉬우나 성과급에 지급될 재원이 부족하여 결국 연봉제의 중요목표인 동기부여효과가 약화한다는 문제점이 있다. Zero-Sum 방식은 이와 반대의 효과가 나타난다. 우리기업은 Zero-Sum 방식을 도입하였다가 노조의 반발이 심해 다시 Plus-Sum 방식으로 갈피를 못 잡고 있다.

도입목적의 불명확

연봉제 있어서 Zero-Sum을 우리나라 기업들이 먼저 선택한 주된 이유는 임금삭감에 있다고 보아도 무방하다. 하지만 미국식 연봉제의 Zero-sum 방식은 철저한 직무급 체계에서 성과에 의한 보상이라는 기업문화가 전제된 형태이다. 우리 기업들은 이러한 고려 없이 단순한 제도의 모방에 그쳐 실패 사례가 증가하고 있다.

다른 인사제도와의 정합성 부족

즉 연봉제를 도입하기에 앞서 조직 전체에 성과주의 문화가 정립되고, 인사기능에서도 직무관리, 평가관리가 이에 적합하도록 설계되어야 연봉제가 성공할 수 있다. 또한, 이러한 문제점을 알고도 제대로 연봉제를 운용할 수 없는 데에는 Knowing-Doing Gap이 존재하고 있기 때문이다.

㉢ 성공적인 성과주의 보상관리 적용

직무분석과 직무평가의 선행

연봉제가 성공적으로 이루어지려면 직무의 표준화와 직무가치의 객관적인 평가가 전제되어야 한다. 이를 위하여 합리적인 직무분석과 직무평가가 선행되어야 한다. 더 나아가 기업의 CSF을 파악하여 역할·역량 중심의 직무관리가 이루어져야 한다.(Broad banding)

도입목적을 명확히 해야 한다.

연봉제를 도입한다는 것은 기업의 인력관리방침이 변경되는 것이고, 그로 말미암아 임금지급방식은 물론 승진·직급체계와 같은 조직 전반의 체계가 재정비되고 변화된 시스템에 적응하기 위한 기업문화의 변화를 수반하는 것이므로, 이 제도의 도입을 통해 얻고자 하는 기대목표가 무엇인지를 명확히 하지 않으면 그 성공을 결코 기대할 수 없다. 따라서 단순한 임금삭감의 수단이 되거나 유행처럼 다른 기업을 따라 하는 것은 지양해야 한다.

종업원의 수용성을 높여야 한다.

임금은 종업원들에게는 소득의 원천으로서 이의 변화는 최대의 관심사이며, 안정적이길 원한다. 연봉제 또한 적용대상자들에 대한 직위 또는 업무의 특성에 대한 고려와 기대효과 등 구체적 검토를 해야 하고 무엇보다도 구성원들의 합의가 있어야 한다.

종업원들에게 상대적 가치를 제공해야 한다.

보상에서 경제적 임금뿐 만 아니라 사회적·참여적 임금을 고려해야 한다. 즉 사회적 임금으로 선택적 복리후생 등, 참여적 임금으로 집단성과 배분제, 이익분배제도가 고려되어야 한다. 그리고 이들의 조화(mix)를 통해 종업원들에게 다른 경쟁기업들보다 상대적 가치를 제공하여야 한다.

공정한 평가제도의 확립

평가는 구체적 목표를 제시하고 그 달성 정도에 따라 보상으로 이어지는 체계를 가지고 있기 때문에 연봉제가 성공하려면 특히 평가에서 타당성, 신뢰성, 수용성이 전제되어야 한다. 평가에 대한 불신은 결국 공정성 지각에 영향을 미치고 경우에 따라서 연봉제에 대한 불신으로 이어질 수 있다. 최근 개인평가에서 MBO, 집단평가에서 BS가 사용되어 평가에서 공정성뿐만 아니라 성과 향상, 전략의 실행, 비재무적 지표의 중요성 등이 제시되고 있다.

Chapter 06

마케팅 전략

eauty Administration & Customer Relationship Management

능력 또는 개성과 관련된 5가지 훈련 필요

- 자기 인식
- 감정관리
- 타인에게 동기부여
- 타인과 공감대 형성
- 타인과 지속적인 관계유지

- 다니엘 골만(Daniel Goleman) 심리학자

Chapter 06 마케팅 전략

01 미용산업 마케팅이란

1) 마케팅의 정의

마케팅이란 개인과 집단이 제품과 가치를 창조하고 타인과 교환함으로써 그들의 욕구(NEED)와 욕망(WANT)을 충족시키는 사회적 또는 관리적 과정으로 마케팅의 목적은, 필요 이상의 판매행위를 방지하고 고객을 잘 알고 이해함으로써 고객의 욕구에 맞는 제품과 서비스를 개발하여, 스스로 판매되도록 하는 것이다(Peter Drucker).

마케팅을 풀이하자면, '시장(market)'에 'ing'를 붙여 동명사화한 단어의 어원처럼 시장에서 일어나는 모든 활동에 대한 접근이라고 해석할 수 있다. 고객의 가치를 전달하는 것으로서 개인적으로나 조직적인 목표를 충족시키기 위한 교환을 창출하기 위해 제품 및 서비스의 기획, 가격결정, 촉진, 물질적 유통계획을 준비하고 집행하는 활동하는 일련의 모든 과정이 모두 마케팅이라고 할 수 있다. 고객 지향의 마케팅에서는 고객의 욕구나 만족이 기업의 내부사정보다 우선된다. 마케팅은 다른 사람과 함께 가치 있는 제품을 창조하고 제공하며 교환하는 과정을 통해서 개인과 집단이 요구하고 필요로 하는 것을 그들이 획득할 수 있도록 하는 사회적 관리 과정이다. 마케팅개념은 시대적 흐름에 따라 생산중심의 마케팅에서 판매중심의 마케팅으로 변모해 왔으며, 다시 소비자 중심의 마케팅으로 변화되며 발전했다.

2) 미용기업의 마케팅 관리와 분석

미용업의 마케팅에 대한 현상을 분석하여 과업을 수행하기 위한 계획을 수립하고, 계획을 실천하며, 그 결과를 토대로 마케팅 관리(Marketing Management)란 조직의 목적을 달성하기 위해 비교하여 평가하는 일련의 과정을 말한다. 마케팅 관리자 또는 미용기업의 마케터의 책무는, 조직의 목표를 달성하는데 도움을 줄 수 있는 작품에 대한 수요를 자극하거나 창조하는 것이라 볼 수 있다. 즉 마케터는 수요를 창조, 증대시킬 뿐만 아니라 수요를 현상유지 감소시키는 수요관리 임무를 수행하는 것이다. 마케팅의 본질을 당사자 간의 가치교환으로 바라보고 욕구충족을 꾀하는 인간 활동을 일반화함으로써 비영리부분의 마케팅을 포함하고자 하는 부분도 있다. 마케팅의 개념은 생산개념, 제품개념, 판매개념, 마케팅개념, 사회지향적 개념으로 변천 발전했다. 우선 마케팅에 관련된 기본개념의 욕구, 수요, 제품, 교환, 거래, 시장에 대하여 이해하자.

(1) 욕구(Needs/Wants)

마케팅 행위의 출발점은 인간의 욕구에서 시작된다. 사람들은 누구나 의·식·주를 포함하여 생활에 필요한 다양한 제품이나 서비스에 대한 욕구를 느낀다. 욕구는 근본적 욕구와 구체적 욕구로 분류할 수 있다. 근본적 욕구는, 사람이 살아가면서 필요한 의복, 음식, 가옥, 편안함, 존경 등 본원적(generic)이고 근본적인 대상을 말한다. 구체적 욕구는, 근본적 욕구를 실현할 수 있는 수단에 대한 욕구인데, 여기에는 그 소비자의 취향이나 그가 속한 사회의 문화가 달라서 생기는 개인차가 있기 때문에, 어떤 소비자가 제품에 대한 욕구가 있다고 해서 반드시 다 구매로 이어지는 것은 아니기도 하다. 구매력과 구매의지에 그러한 욕구가 뒷받침될 때에 비로소 그 제품에 대한 구매가 이루어진다. 따라서 자사의 제품을 판매하려는 기업의 마케터는 소비자의 욕구를 자사의 제품에 대한 수요와 품질로써 구체화하는 마케팅 노력으로 판매의 효과를 판단해야 한다.

첫째, 고객의 욕구를 이해하고 반응하는데 중점을 둔다. 둘째, 고객 욕구를 충족시킴으로써, 모든 목표(금전적 · 사회적 · 인간적)를 달성할 수 있다는 점을 강조한다. 셋째, 고객의 욕구에 부응하는 데 있어 나타나는 사회적 결과(고객의 욕구가 기업에 의해 다루어지는 방법)에 관심이 있다. 고객욕구에 초점을 맞춘 마케팅 지향적 개념은 생산 및 판매 지향적 개념보다 현저히 높은 관리효과를 가져왔다. 그러나 고객에게만 치우친 초점으로 말미암아 다른 관련 집단을 무시할 수 있다는 비판을 받아 왔다. 이는 비록 고객의 욕구가 미용기업의 마케팅 노력의 견인차이기는 하지만, 고객 이외의 다른 집단에도 관심을 두어야 한다는 것을 의미한다. 이 집단들은 다양한 상호작용을 통하여 미용기업과 고객들 간의 교환관계에 직접적인 영향을 미칠 수도 있기 때문이다. 또 다른 비판은 고객들이 그들이 원하는 것을 형상화할 수 없다거나 명확한 센스를 못 가질 수도 있다는 것이다. 이들의 잠재적인 욕구를 확인하고 촉진하는 것도 마케팅 활동의 중요한 영역이 될 수 있다. 미용시장의 구시대적 사고의 경영방식으로는, 경쟁자와 차별화된 효율적인 마케팅 전략으로 미용시장을 공략하기는 어렵다. 미용시장의 자본과 규모가 확대되어 가면서 고객의 필요를 충족시킬 수 있는 마케팅 전략의 능력에 따라서 미용기업의 경영성패가 좌우된다.

(2) 수요(Demand)

수요란, 구매자의 욕망상태, 소득·가격 등에 의하여 결정된다. 상품에 대한 수요란 일정기간에 소비자가 돈을 지급하여 살 의사가 있는 상품의 양을 말한다. 현재의 경제사회에서는 구매자의 욕망상태 그 자체도 판매자의 행동에 따라 결정된다. 일반적으로 정해진 어떤 상품에 대하여 구매자가 사고자 하는 수량, 즉 수요량을 말한다. 이 의미에서의 수요를 유효수요라고 한다. 유효수요와 대비되는 말로 잠재수요가 있으며, 이는 구매력의 뒷받침 없이 단지 욕구만 있는 수요이다. 현실적으로 문제 되는 것은 유효수요이지만 잠재수요도 상황에 따라 유효수요로 바뀔 수 있다. 수요량은 상품의 단위가격이 하락하면 증가하고 단위가격이 상승하면 감소하는 성질이 있다.

(3) 제품(Product)

인간의 욕구나 욕망을 충족시키기 위하여 시장에 제동된 것으로 주의, 취득, 사용, 소비의 대상이 되는 것으로서, 물질적 재화, 서비스, 사람, 장소, 조직, 아이디어 등이 소비자의 욕구는 제품을 사용함으로써 충족되므로, 넓은 의미에서 인간의 욕구를 충족시킬 수 있는 것은 제품이라고 정의할 수 있다. 제품에는 물리적 형태를 보인 유형에 제품과 모형의 서비스가 포함된다. 그러나 유형의 제품인 경우도 소비자로서는 그 물질을 구매한다기보다는 이 제품이 소비자 자신에게 가져다줄 수 있는 편리함을 고려하여 구매한다고 봐야 한다. 예를 들자면, 소비자는 승용차를 구매할 때 그 승용차가 수송서비스를 해 주는 편리함의 대상으로 인지하고 구매를 하는 것이다.

(4) 교환(Exchange)

교환이란 사회적 분업이 활발해지고 생산력이 높아져서 물건과 물건의 직접교환에서 물건과 화폐, 다음에 그 화폐와 물건이라는 간접교환으로 바뀌었다. 또, 사회적 분업 그 자체도 그 생산하는 재물의 시장을 전제로 하여 발달하게 되었고, 그리하여 분업과 교환은 서로 의존적으로 성행하였으며, 이에 따라서 시장은 확대되고 생산력은 증대한다. 기업의 마케터는 소비자의 욕구를 충족시켜 줄 수 있는 제품을 개발하여 기업의 적절한 이익을 도모하고 소비자에게 외면당하지 않는 가격에 판매함으로써, 상호 간의 구매와 판매에 대한 균등한 비율을 유지해야 한다. 이러한 마케팅의 상호 관계적인 특성을 적용해 본다면, 각각 기업과 소비자의 교환가치 측면으로 볼 수 있다. 화폐와 교환하여 이윤을 얻는 것을 목적으로 생산되는 재물이 상품이므로, 자본주의 사회는 최고도의 상품경제, 곧 최고도의 교환경제라고 할 수 있다.

(5) 거래(Transactions)

거래란, 두 당사자 간에 가치를 매매하는 것으로 형성된다. 교환이 마케팅의 핵심 개념이라면, 거래는 마케팅의 측정 단위이다. 다시 말하면 거래는 최소한 두 개의 가치 있는 재화를 가지고 교환 시기, 교환 장소가 협의가 끝난 양 당사자 간에 성립된 매매이다. 다시 말해서 양 당사자 간에 가치의 교환을 뜻하며, 이는 마케팅에 대한 측정 수단이다. 이러한 개념에는 최소한 두 가지의 가치가 있어야 하며, 합의된 조건이어야 하고, 합의시기가 있어야 하며, 합의 장소가 명확해야 한다.

(6) 시장(Market)

시장(Markets) 이란 어떤 제품에 대한 실제적 또는 잠재적 구매자의 집합을 말한다.

마케팅이란 제품과 가치를 창조하여 다른 사람과 교환함으로써 그들의 욕구와 욕망을 충족시키기 위해 개인과 집단이 원하는 것을 획득하는 과정이라 할 수 있다.

기업이 같은 소비자들의 욕구를 경쟁기업보다 더 잘 충족시킴으로써, 자사의 제품을 판매하려는 많은 노력의 구심점이 바로 마케팅이다. 마케터의 노력 여하에 따라서 자사제품에 수요가 없는 소비자들도 설득에 의해 자사제품에 대한 수요를 창출할 수 있다. 그러므로 마케팅은, 수요창출행위(demand creating activity), 혹은 시장창출행위(market creating act-ivity)의 역할을 하는 것이다.

3) 미용기업의 마케팅 전략계획

미용산업의 치열한 경쟁 속에서 정확한 시장조사 및 분석을 통해 마케팅 전략을 수립하고 고객만족을 어떻게 표현하여 충족시킬 수 있는지를 연구하려면 먼저 미용업계의 마케팅 환경 분석이 정확하게 선행되어야 한다.

(1) SWOT 분석

기업의 환경 분석을 통해 강점(Strength)과 약점(Weakness), 기회(Opportunity)와 위협 (Threat) 요인을 규정하고 이를 토대로 마케팅 전략을 수립하는 기법으로 어떤 기업의 내부 환경을 분석하여 강점과 약점을 발견하고, 외부환경을 분석하여 기회와 위협을 찾아내어 이를 토대로 강점은 살리고 약점은 죽이고, 기회는 활용하고 위협은 억제하는 마케팅전략을 수립하는 것을 말한다. 이때 사용되는 4요소를 강점・약점・기회・위협(SWOT)이라고 하는데, 강점은 경쟁기업과 비교하여 소비자로부터 강점으로 인식되는 것은 무엇인지, 약점은 경쟁기업과 비교하여 소비자로부터 약점으로 인식되는 것은 무엇인지, 기회는 외부환경에서 유리한 기회 요인은 무엇인지, 위협은 외부환경에서 불리한 위협요인은 무엇인지를 찾아낸다.

기업 내부의 강점과 약점을, 기업 외부의 기회와 위협을 대응시켜 기업의 목표를 달성하려는 SWOT 분석에 의한 마케팅 전략의 특성은 다음과 같다.

- 강점(Strength) : 내부 환경(자사 경영 자원)의 강점
- 약점(Weakness) : 내부 환경(자사 경영 자원)의 약점
- 기회(Opportunity) : 외부 환경(경쟁, 고객, 거시적 환경)에서 비롯된 기회
- 위협(Threat) : 외부 환경(경쟁, 고객, 거시적 환경)에서 비롯된 위협

SWOT 분석은 외부로부터 온 기회는 최대한 살리고 위협은 회피하는 방향으로 자신의 강점은 최대한 활용하고 약점은 보완한다는 논리에 기초를 두고 있다. SWOT 분석에 의한 경영전략은 다음과 같이 정리할 수 있다.

- SO 전략(강점-기회 전략) : 강점을 살려 기회를 포착
- ST 전략(강점-위협 전략) : 강점을 살려 위협을 회피
- WO 전략(약점-기회 전략) : 약점을 보완하여 기회를 포착
- WT 전략(약점-위협 전략) : 약점을 보완하여 외협을 회피

SWOT 분석은 방법론적으로 간결하고 응용범위가 넓은 일반화된 분석 기법이기 때문에 여러 분야에서 널리 사용되고 있다. 먼저 판매방법과 직접관계가 있는 〈4Cs〉 시장정보가 필요하다. 고객(Customer), 경쟁자(Competitor), 유통(Channel), 자사(Company)를 말한다.

① 고객(Customer)정보

고객의 요구를 발견하는 것이 마케팅기획의 중심이 되어야 하며, 고객의

요구에 확신을 하게 하려면 다양한 세부적인 조사가 필요하다. 따라서 고객만족의 조사 방법으로 애용자 데이터 등 사내의 고객 데이터를 조사하거나 잠재고객을 상대로 인터뷰하는 것도 좋은 방법의 하나다.

② 경쟁자(Competitor) 정보

경쟁자 정보를 수집할 때에는 어느 매장을 경쟁매장으로 설정할 지가 중요하다. 자사보다 상위기업을 상대로 조사했다면 시장점유율이 하위기업에 대해서도 조사할 필요가 있다.

③ 유통(Channel)정보

무엇이든 유통망을 통해 판매할 때에는 어느 상품을 경쟁상품으로 설정해야 할지 신중히 정해야 한다. 유통 처가 자사보다 힘이 있으면 유통동향에 따라 자사의 상품이 좌지우지될 수도 있으며, 유통처가 어떤 상품을 확충하려는지 혹 상품을 축소하려 하는지를 미리 알아야 할 필요가 있다. 자사정보 및 자사정보에 대한 경영자원의 파악이 매우 중요하며, 상품이 중심이 되는 인재와 조직, 거점망과 최신 설비, 자금력과 아이템, 프라이드를 가질 수 있는 특허 등의 필요충분조건들이 갖추어져 있는지 파악하고 있어야 한다.

④ 회사(Company)정보

영리를 목적으로 하는 법인. 상법상의 분류로는 합명·합자·주식·유한의 4가지가 있다. 공동으로 자본과 노력을 결합하고, 위험의 분산을 꾀하려고 발달하였다. 회사는 공동의 목적을 가진 복수인의 집합체이고, 법인이므로 권리. 의무의 주체가 되며, 구성원에의 이익 분배를 목적으로 한다. 상법상의 정의는 상행위 및 기타 영리를 목적으로 하는 사단법인이다. 현대사회에서 주요한 영업은 대부분 회사의 형태로 경영되고 있고, 근대자본주의 경제의 발전은 주식회사 제도를 떠나서는 생각할 수 없을 정도로 큰 역할을 하고 있다.

(2) 시장정보와 4Cs

시장정보와 4Cs

분 류	시장정보와 4Cs
고객(Customer)	• 고객 추출 • 고객의 크기와 성장성 • 고객의 내점 동기
유통채널(Channel)	• 시장 점유율 • 스토어 커버리지(Store Coverage) • 유통관리자의 존재
자사(Company)	• 경영상황(업적, 매출, 이익, 비용) • 경영자원(인재, 상품, 자금, 정보, 노하우) • 이념, 전략지원, 경영전략, 시장전략, 고객전략
경쟁자(Competitor)	• 현재 경쟁자와 잠재 경쟁자 • 자사의 시장지위- 경쟁자의 시장지위 • 경쟁 우위에 있는 기업의 강점과 약점

4) 미용시장 마케팅의 4P 전략

고객의 욕구에 맞는 테크닉 스타일 연구하고 가격을 조정하여 유통 판매한다는 개념의 일련의 미용기업 활동을 말한다. 고객이미지에 맞는 테크닉, 스타일 및 서비스 상품을 많이 보급하기 위해 마케팅에서는 통상 4가지 요소를 조합해서 전략을 세우는데, 이를 제품전략(Production), 가격전략(Price), 유통전략(Place), 판매촉진전략(Promotion)으로 분류하며 영어의 머리글을 따서 “4P”라고 한다.

(1) 제품(서비스)전략

제품은 마케팅 믹스의 처음으로 가장 중요한 요소이다. 제품전략은 제품 믹스, 제품라인, 브랜드, 포장 등에 대한 종합적 의사결정을 말한다. 제품이란 고객의 욕구를 충족시키기 위해 시장에 제공되는 것은 모두 해당하며, 시장에 출시되는 일반적인 자동차, 책과 같은 유형제품은 물론이거니와 한류스타 등의 사람들도 일종의 제품이라 할 수가 있다. 고객의 욕구에 맞게 개발한 제품이 고객들이 선호하는 제품이 되고, 또한 고객들의 요구를 충족시킬 수 있어야 하기 때문에 제품 전략에서는 고객의 욕구를 정확하게 파악하는 일이 가장 중요하다. 또한, 제품 자체의 기능 외에 디자인. 서비스 등 작품의 부수적인 부분까지도 생각해야 한다.

(2) 가격전략

가격은 마케팅의 4p 중 제품, 유통, 촉진에 비해 그 효과가 단기간 내에 뚜렷이 나타나는 특징을 가지고 있어 다른 마케팅 요소에 비해 자주 활용되는 요소이며, 최근 마케팅에서는 비 가격요소의 역할이 점차 강조되고 있지만, 가격은 여전히 마케팅혼합의 주요 요소이다. 지역적으로 가격을 차별화할 수도 있고 다양한 할인 및 공제정책을 활용할 수도 있으며, 서로 다른 세분화 시장에 대해 서로 다른 가격을 설정할 수도 있겠지만, 또한 품 계열이나 사양 선택 등에 따라 가격을 책정할 수도 있다.

(3) 유통전략

생산된 제품이 생산자로부터 소비자에게 전달되는 과정을 지칭하는 말이다. 모든 생산자가 직접 소비자와 만난다면 엄청난 비효율을 가져올 수도 있다. 이런 점에서 보면, 보다 효과적이고 효율적으로 제품이나 서비스가 고객에게 전달될 수 있도록 하는 것이 중요해진다. 제품을 어떻게 유통할 것인가를 계획해서 그에 맞는 유통경로를 선택하는 것이다. 유통경로란 생산지에서 소비자에 이르기까지 제품이 움직이는 경로를 말하는 것으로 '생산자 ➡ 도매업자 ➡ 소매업자 ➡ 소비자'의 단계를 거친다. 고도 경제사회에서는 업자의 수도 많고 경로도 복잡하기 때문에 유통을 계획적으로 수행하지 않으면 수요가 없는 곳으로 제품이 많이 운반되거나 수요가 있는 곳에 제품을 충분히 공급할 수 없게 된다.

(4) 판매촉진 전략

판매촉진이란 마케터가 제품의 혜택을 소비자에게 확신시키기 위해서 펼치는 모든 활동을 말한다. 여기에는 광고, 판촉, 홍보, 인적 판매 등이 있다. 고객에게 제품을 접하고 싶게 만들어서 사게끔 하는 전략이다. 마케팅 전략을 단독으로 수행하는 것이 아니라, 이것을 모두 결합시켜 추진해 나가는 과정을 '마케팅 믹스'라고 한다.

(5) 마케팅 믹스

마케팅 믹스란, 제품, 가격구조, 촉진활동, 유통구조 등 마케팅 시스템 핵심을 구성하는 4개의 투입변수의 결합을 기술하는 데 사용되는 용어이며 4Ps라고도 부른다. 기업에서 제품을 많이 팔기 위해서, 마케팅에서는 통상적으로 4가지 요소를 합해서 마케팅 시스템의 핵심을 구성요소와 상호관계를 표현하고 있다.

① 제품(Product)

기업이 생산하는 재화와 서비스를 뜻하는 것으로 많은 제조업체들에게 있어 가장 중요한 경쟁력은 비교 우위의 제품을 생산하는 것은 능력일 것이다.

품질 좋은 제품은 수익과 직결되기 때문에 마케팅 4p 중에서 가장 중요한 개념이다. 미용기업이 판매할 제품이나 서비스를 계획하고 개발하는 일까지 포함되는 것이다. 기존작품을 개선하여 신제품을 만들거나 현재 취급하는 제품의 구색에 변화를 가져오게 하는 조처를 하는 경우에는 일정한 지침에 따르도록 해야 할 것이다. 작품특성의 변경 등에 관한 의사결정을 신중히 다루어야 한다.

② 뷰티테크닉

고객에게 직접 시술하여, 고객들의 이미지를 개선해 만족의 척도를 교환할 기회이기도 하다.

③ 뷰티서비스

무형의 작품으로 항상 미소와 함께 친절하며, 단정한 태도와 부드러운 말씨와 전문 지식을 접할 수 있게 깨끗하고 편안한 휴식 공간이 제공되어야 한다.

④ 가격(Price)

미용기업의 가격결정에서 고객들이 제품 서비스를 받고 지급하게 된 가격을 말한다. 제품에 의해 결정되는 요소이다. 제품의 질에 따라 상대적으로 결정된다. 요즘은 경쟁이 치열해 제품 자체보다는 브랜드 이미지나 마케팅에 의해서 결정되기도 한다. 경영자는 제품가격을 적절한 선에서 책정해야 하며, 가격과 관련된 여러 가지 정책을 먼저 수립하여야 할 뿐만 아니라, 서비스내용의 품질개선과 주변의 생활수준 그리고 고객들의 가치수준을 객관적으로 판단하여 적정하게 결정해야 한다.

⑤ 판촉(Promotion)

제품이 생산되어도 홍보하지 않으면 판매를 할 수 없다 홍보는 잠재고객들에게 제품을 알리는 것이 주목적이다. 보통은 온·오프라인 광고를 통해 홍보하는 경우가 많지만, 유난히 경쟁이 심화하는 미용기업의 판촉은 미용기업의 판매력을 증대시키기 위해 판매, 광고, 홍보, 기타 일체의 수요 창출을 위한 판매활동이 있어야 한다. 기업의 제품에 관하여 시장에 정보를 제공하고 판매시키는 데 이용되는 구성요소이다. 광고, 인적 판매, 판매촉진, 퍼블리시티 등이 중요한 촉진 믹스이다.

⑥ 유통(Place)

생산자와 소비자 사이의 장소의 간격을 채워주는 마케팅 활동의 역할이다. 유통의 형태는 직접유통과 접촉유통이 있는데, 미용기업의 유한상권 산업의 대상인 도시상권에서는 철저한 입지 의존적 산업이 이루어지고 있기 때문에 미용기업의 위치 자체가 작품 일부를 구성할 뿐만 아니라 위치 자체가 시장 창조력을 가진다. 그래서 미용경영자가 해야 할 일은 적재적소에 작품이 잘 공급될 수 있도록 올바른 유통경로를 선정하고 작품을 전달하게 될 유통구조를 계획하고 개발하는 일이며 고객들에게 많이 노출될 수 있는 장소를 선점하는 것이 포인트이다.

02 정보기술 활용 극대화

정보기술(Information Technology)과 통신기술(Communication Technology)의 합성어로 컴퓨터, 미디어, 영상 기기 등과 같은 정보 기기를 운영·관리하는 데 필요한 소프트웨어기술과 이들 기술을 이용하여 정보를 수집·생산·가공·보존·전달·활용하는 모든 방법을 말한다. 소비자/시장의 중요를 자각하게 되어 시기상 품질 좋은 제품은 넘쳐나고 아무리 제품이 좋다고 광고를 해도 고객의 특정 욕구를 제대로 충족시키지 못하면 제품은 팔리지 않는다는 것을 깨닫게 되었다. 그래서 만든 제품을 팔려고 노력하는 정도를 넘어서 시장이나 고객이 원하는 것을 만들어 판매하게 되고 그러려면 고객을(또는 고객 욕구를) 우선시하고, 전사적 통합적 마케팅을 활용하고, 고객의 욕구를 충족시켜주는 대가로 기업 이익을 지향하게 되었다. 마케팅개념은 시대적 상황과 소비자의 의식변화에 따라 변모해 왔으며, 지금은 단순한 판매개념을 넘어서 다양한 소비자 만족활동이라는 개념에까지 이르게 되었다. 즉, 공장과 제품 중심이었던 과거 기업경영의 관념이 시장 및 고객중심으로 변화되었으며, 현재에 와서는 대중을 상대하는 마케팅에서 개인별 고객과의 신속한 상호 커뮤니케이션을 실현해주는 데이터베이스 마케팅 (Database Marketing)과 인터넷 마케팅 등이 관심의 대상이 되는 추세이다.

1) 다이렉트 마케팅(Direct Marketing)

D.M 마케팅, 소비자에게 직접적으로 마케팅을 하는 영업방침을 말한다. 점포를 이용하지 않고 카탈로그나 우편발송, 방문판매, 자동판매, 방송 판매 방법 등을 DM이라 약칭하기도 한다.

기업과 고객 간의 쌍방향적 의사소통을 지향하는 마케팅 기법으로, 고객과의 관계를 단속적인 거래관계가 아닌 지속적인 커뮤니케이션 관계로 파악한다. 이의 주된 목표는 고객과의 지속적, 개별적 접촉을 통해 고객의 평생가치를 극대화함으로써 기업의 경쟁력을 강화하는 데 있다. 즉, 기업 간 경쟁의 심화와 고객 라이프스타일의 개성화는 고객을 다중적으로서의 고객이 아닌 개별적 요구를 지닌 고객으로서 파악할 필요성을 증가시켰으며,

이를 위해 개별적, 지속적 접촉을 통한 서비스 제고가 요구되고 있는데, 이러한 욕구를 가장 직접적으로 실현해줄 수 있는 수단이라 할 수 있다.

소비자의 성향이 다양화되고 세분화되는 현대 사회의 특성에 맞추어 발달한 마케팅 방식이다. 컴퓨터와 인터넷, IPTV 등 신기술이 도입되면서 한층 발전하고 있다.

(1) 방문판매 – 통신판매 – 다단계 판매

방문판매 : 상품을 손에 들고 아파트나 가정집 (지금은 사라짐)
1:1 대면하여 판매하는 Man to Man 판매 (자동차 보험 판매 등)

- 통신판매 – 전화판매(원거리판매)
- 통신판매 – TV 홈쇼핑
- 통신판매 – 인터넷 쇼핑몰 등

2) 데이터베이스 마케팅(Data Base Marketing)

DB마케팅(Data Base Marketing)은 개별화된 판매기회를 얻고자 고객(Customer)과 잠재적 소비자(Consumer)에 대한 정보를 수집하고 통합하고 분석하여 고객에게 최적화된 오퍼(Offer)를 하는 종합적인 접근과 실행을 의미한다. 고객정보, 경쟁사 정보, 산업정보 등 시장의 각종 1차 자료를 수집, 분석하고 그것을 기초로 하여 고객 지향적인 마케팅전략을 수립하는 하나의 마케팅 기법이다. 즉 어느 고객이 무엇을 얼마나 자주 구매하고, 고객이 어느 매장에서 얼마나 구매했으며, 또 어떤 유형의 상품을 구매하는지 등과 같은 자료를 수집하여 고객 성향을 분석하고 응용하여 마케팅 전략을 수립하는 것을 말한다. 기업은 고객들과 다이렉트 마케팅을 가능하게 하려고 고개들의 직업, 주소, 생일, 가족구성원 등의 정보를 세밀하게 입수하여 입력해 두었다가 데이터베이스를 활용하여 서비스와 판촉을 개시한다. 기업은 데이터베이스를 이용하여 무한대로 개인적인 내용을 다이렉트메일로 발송할 수 있다. 발송한 메시지에 대해서 고객들의 반응 여부를 관찰할 수 있기 때문에 관계 마케팅이라고도 말할 수 있다.

(1) 미용기업의 개인정보 유출에 주의할 점

개인정보를 사용할 시 해당자에게 허가를 받아야 한다. 는 법은 정해졌다. 전에는 이런 허가절차가 없이 고객데이터를 사용하다가 여러 법적인 문제에 봉착되었지만, 요즘은 고객데이터에 대해서 처음 관계를 맺는 시점, 가입하기 전에 약관과 함께 동의 여부를 묻는 것을 동의하는 것이 바로 자신의 데이터를 그 기업에 주는 행위이며, 기업이 사용할 수 있는 권한을 주기 때문에 법적으로 문제가 없다. 고객데이터를 고객에게 서비스와 고객정보를 거래하는 경우가 많다. (give and take)하지만 그래도 고객이 일단 클레임을 제기하면 솔직히 기업이 이길 수 없다.

(2) 소비자 입장에서 주의할 점

소비자들이 주의해야 할 점은 어떤 곳에서 가입할 때 무료 서비스에 관심을 줄여야 한다.

우리들이 가장 중요시해야 하는 것은 자기 스스로 needs에 맞는 합리적인 거래를 하는 것이다. 현재 정보화시대에는 개인의 정보 또한 개인의 가치와 직결한다.

자신의 정보가 많은 곳에 퍼져 있다면 수많은 스팸메일과 강제성 광고로 말미암아 수많은 기회비용이 발생할 수도 있다. 경제적인 소비도 중요하지만, 합리적인 소비를 위하여 신중한 의사결정이 필요한 시대이다.

3) 인터넷 마케팅(Internet Marketing)

인터넷의 특성을 이용해서 효율적인 판매 구축, 고객 획득 전략, 시장 조사 등을 하는 것. 인터넷 마케팅은 데이터 웨어하우스(DW)나 데이터 마이닝 등의 솔루션을 인터넷 기술을 통해 수용하며, 홈페이지를 이용한 웹 마케팅, 푸시기술 및 이메일을 이용한 인터넷 타켓 마케팅으로 크게 분류할 수 있다. 인터넷 마케팅을 주 소비계층인 인터넷 이용자들은 대부분 10~40대의 구매력 있는 정보탐색형 중산층의 사회구조에 자리 잡은 선구자들이기도 하다. 이들은 많은 사람과 정보를 공유하며 관계성을 이루어 나가는 소비자 집단이다. 자신들이 느끼는 제품이나 서비스에 대해 적극적으로 의견을 제기하기도 한다. 마케터들은 소비자의 의견들을 정확히 분석해야 할 것이다. 웹 마케팅은 인터넷 웹 사이트를 통한 자사 제품 및 서비스의 홍보는 물론 고객 서비스에 대한 솔루션으로 발전하고 있다. 대표적인 사례로 신용 카드 회사나 이동 전화 업체는 고객 데이터베이스를 웹에 연결해 이용 대금 결제나 결제 대금 조회, 연체 조회 등의 다양한 고객 서비스를 제공하고 있으며 가상공간 속에서 기업과 고객들이 쌍방향 소통을 통하여 이벤트 광고, 정보제공, 등의 전반적으로 마케팅 활동을 수행하는 것을 말한다. 시간과 공간을 초월한 전자적인 장으로서 사람들의 오랜 욕구를 충족시켜주는 수단이 되었다. 인터넷은 고객들로 하여금 정보에 의해 접근되며 흡수되고 확산할 수 있는 사회 전반적으로 그 끼치는 영향력이 막대한 자산이기도 하다. 광고비가 저렴하며 광고측정이 쉽다고 볼 수 있다.

(1) 인터넷과 사후관리

인터넷을 통한 구매는 사후관리 문제를 지적하는 경우가 많다. 이러면 전통적인 시장에서는 반품이 쉽지만, 인터넷상에서는 반품의 경로가 막연하게 느껴지며 운송과정을 통하여 반품을 하더라도 제대로 전달될 수 있다는 확신도 하기 어렵다. 그리고 이러한 과정은 상당한 시간과 인내를 요구하는 과정으로 시간압박하의 소비자들에게는 부담될 수밖에 없다 인터넷을 통한 구매는 제품의 품질에 대한 정보를 텍스트나 이미지 또는 동영상으로 확인할 수는 있지만 직접 눈으로 확인하고 만져볼 수 없는 경험제약성이 따르기 때문에 실제 주문한 제품을 받아보면 원래 예상했던 품질과 다를 가능성은 상존한다. 반품이 아니라 사용도중에 문제가 발생한 때도 여전히 시간적인 문제가 존재한다. 인근의 상점을 통하여 구매하였다면 적어도 거주지에서 별로 멀지 않은 곳에서 사후관리 서비스를 받을 수가 있지만 온라인으로 구매한 제품에 하자가 발생하면 소비자들이 어떻게 대처해야 할지 막연하게 느낄 수가 있을 것이다.

Chapter 07

경영활동 및 재무관리 분석

01 경영분석 및 재무관리 통제 방법

02 재무제표의 구조분석

03 비용(원가) 변동비와 고정비로 나눈 이유

eauty Administration & Customer Relationship Management

감성지수와 관련 있는 리더십 유형을 6가지로 구분

① 고압적인 리더십 : 즉각적인 절대복종을 요구
② 권위적인 리더십 : 비전을 공유하며 행동
③ 친화적인 리더십 : 감성적 유대와 조화 구축
④ 민주적인 리더십 : 참여를 통해 합의 마련
⑤ 선도적인 리더십 : 자발적 행동을 기대
⑥ 지도적인 리더십 : 미래를 위해 직원들을 계발

Chapter 07 경영활동 및 재무관리 분석

01 경영분석 및 재무관리 통제 방법

1) 경영분석의 평가

경영분석의 중핵을 이루는 경영자에 의한 경영관리의 내부적 목적을 위해 행하여지는 분석은 경영체의 Top Management에 의해 시행되어 자체 미용기업 경영의 적극적인 개선에 도움이 될 수 있도록 자기 진단으로서 이루어지는 것이 바람직하다. 경영평가는 경영조건의 평가에 편중하기 쉬우나 경영조건이 좋으면 경영평가도 좋아진다는 전제만이 아니고 경영의 본질적 목표인 경영분석 그 자체를 파악하려는 노력이 필요하다. 기업 경영에서 최선의 방법과 전략이 무엇인가에 대한 견해는 다양하다. 현장에서 경영하는 사람과 학자들도 훌륭한 경영을 위해서는 효과적인 경영통제가 필요하다. 먼저 경영분석을 통하여 그 기업의 종합적 경영효율성 정도를 파악한 다음 경영성과를 낮게 한 경영관리 수준을 분석하는 순서로 진행되어야 한다. 기업의 경영성과는 생산성, 유동성, 수익성, 성장성, 안정성, 그리고 경영 부문은 인사, 조직, 생산, 판매, 재무 등으로 구분하는 것이 일반적이며, 평가항목은 각각의 경영성과와 경영관리 부문별로 선정되어야 한다.

(1) 경영성과의 평가항목

① 생산성

생산성이란 본시 물량개념이며 산출투입으로 표시되나 여기서는 부가가치생산성의 개념을 도입하고 있다. 이것은 업적분석이 자본수익성에만 치중됐던 종래의 기법을 보완하고, 기업의 경영능률을 측정하는데 이 방식이 더욱 유력한 기업분석의 수단으로 인식되었기 때문이다. 부가가치의 정의에 대해서는 사람마다 다른 표현을 쓰고 있으나, 결국 "외부에서 구입한 가치가 아닌 자사에서 창조한 가치" 또는 "매출액이나 생산액에서 비 부가가치를 제공한 것"으로 요약되고 있다. 부가가치생산액이란, 그 기업이 자사내부에서 창조한 생산 가치이며 투입에 대한 산출의 비율인 생산성을 대신하여 가장 널리 이용되고 있다. 생산성에 관한 여러 지표를 분석하는 일은 기업 활동의 능률이나 업적을 측정 평가하여 그 발생원인과 성과배분의 합리화를 위해서 불가결의 기법이며 기업분석의 하나라고 할 수 있다. 그러므로 생산성에 관한 지표는 곧 경영합리화의 척도이며, 생산성 향상으로 얻은 성과를 이해집단에 적절히 배분하는 기준이 되는 것이다. 최근 부가가치에 의한 생산성의 측정이 가장 일반화되고 있는데, 이는 종래의 기업이 매출실적 제1 주의의 경영으로부터 고임금, 고능률, 고이익을 실현하려고 명목적 수익인 매출액에 비해 실질적인 수익이라 할 수 있는 부가가치 중심의 경영으로 질적 전환을 하는 점에 연유되고 있다. 부가가치생산성의 분석은 일차적으로 분석시점의 1인당 부가가치를 기간, 상호비교를 통해서 우열을 판단하고, 다음으로 관련지표인 '노동자비율 × 설비투자효율' 또는 '종업원 1인당 매출액×부가가치율' 등 여러 가치 측면에서 원인을 규명할 수 있으며, 종합생산성을 판정하는 지표로서 부가가치에 대한 총자본의 비율인 총자본투자효율을 이용하기도 한다. 한편, 임금수준을 판단하는 데도 관련지표인 부가가치생산성과 노동자분배율을 이용하며 총자본이익률로 대표되는 수익성과도 별도 관련지표에서 보는 바와 같이 상관관계를 맺고 있어 이를 활용 분석하는 것이 효과적이다.

② 유동성

기업의 유동성이란 자금 사정이라고도 할 수 있는데, 이것은 총자본에서 순 운전자본이 차지하는 비중으로 판단할 수 있다. 또한, 순 운전자본은 유동자산에서 유동부채를 뺀 수치이며, 자금 사정이 순조로울 때는 많고, 적으면 자금난을 반영하게 된다. 기업경영에서 가장 경계해야 할 기업의 질병의 하나가 흑자도산이다. 수익성도 좋고 사업전망이 밝은 업체가 하룻밤 사이에 도산되는 일이 많다. 매입채무보다 많은 매출채권을 보유하고 있으면서도 채권회수에 차질이 생김으로써 채무이행에 지장이 생겨 부도 발생으로 기업이 사형선고를 받는 경우이다. 기업이 자금난을 당하게 되는 원인은 여러 가지이며, 구조적으로는 인플레이션경리, 기술혁신 등에 비롯되며, 이로 말미암아 기업은 '계정은 맞고, 자금부족' 현상이 유발되고 만성적인 자금부족에 허덕이게 마련이다. 이와 다른 경우 확장주의 경영으로 말미암아 자금수요가 늘어나고 조달능력에 한계를 나타냄으로써 자금부족이 생기는 이를테면 타력성장의 부산물인 경우도 있다. 기업은 이익의 극대화라는 본능적 욕구에 사로잡히게 되는 수가 많은데, 그러다 보면 결과적으로 안정성이 무너지는 사례가 허다하다. 지나친 확장주의, 명목성장주의 경영은 타력성장 재무구조의 악화라는 부작용을 동반함으로써 경영위기를 맞는다는 말이다. 이렇듯 이율배반적 작용을 하는 것을 볼 때, 안정성과 수익성을 조절하는 구실을 담당하는 것이 자금유동성의 역할이라고 할 수 있다. 자본유동성이란, 총자본에 대한 적정한 순 운전자본의 보유로써 판정하게 되는데, 이것은 통상 자사의 과거실적이나 업종평균치를 기준으로 하게 되며, 총자본 대 순 운전자본 비율을 관리지표로 이용하며, 원인분석을 위해서는 자금관리비율과 총자본회전율을 이용하게 된다. 이러한 유동성을 더욱 발전시켜 수익성 지표와 유동성 지표를 연결한 '재무통계표'의 활용은 경영관리를 위해 더욱 효과적이라 할 수 있다.

③ 수익성

기업 활동의 최종적인 성과, 손익의 상태를 측정하고 그 성과의 원인을 분석, 이익을 떠나서는 경영을 생각할 수 없다. 기업의 궁극적인 목표는 기업이 유지 존속하는 데 필요한 최소한도의 이익 즉, 적정이익의 실현만은 기필코 달성하는 데 있으며, 실상 그것은 실질적인 비용의 회수라고도 할 수 있다. 그런 의미에서 볼 때 경영통제의 초점은 수익성 판정이라 해도 과언이 아니며, 수익성을 판단하는 대표적 지표는 자기 자본과 부채를 합계한 총자본에 대한 순이익의 관계비율인 총자본이익률이다. 따라서 총자본이익률을 산출한 다음 기간 상호비교를 통해서 성과의 양부를 판가름할 수 있다. 이 총자본이익률 즉, 경영성과의 원인 규명을 위해서 이른바 관련지표인 매출액 순이익률과 총자본회전율을 활용하게 된다. 매출액 순이익률이란 매출이윤을 말하며, 총자본회전율은 자본이용도를 말하는 것이고, 경영성과는 결국 이 두 요소에 의해서 좌우되게 된다.

④ 성장성

성장성 분석에서는 분석대상 기업의 성장성뿐 아니라 진반적 경기추세, 해당 업종의 추세 등과 비교하여 분석하는 것이 필요하다. 기업의 경영수준을 평가하는 첫 단계의 기준은 성장성이다. 성장이 정지된 기업은 이미 기업으로서의 평가대상이 될 수 없기 때문이다. 성장성을 판단한 대표적 지표는 매출증가율이다. 대부분 기업은 분석의 편의상 매출액을 기준으로 삼는 것이 가장 합리적이다. 매출액이 증가했다는 사실은 그만큼 기업이

외형적으로 성장했다는 증거이지만, 가격 상승요인을 고려해서 판단을 그르치는 일이 없도록 유의해야 하며, '기간비교'와 '상호비교'를 통해서 정상위치를 확인하는 것이 선결요건이라 할 수 있다. 구체적으로 매출증가율이 인플레이션에 연유된 가격요인의 결과라면, 그것은 단순한 명목성장이고 실질성장과는 아무런 상관이 없다. 경영분석을 경영비교라고 일컬을 정도로 어떤 시점의 실제비율을 반드시 기간과 대비하거나, 경쟁회사 또는 업종별 평균치와 대비를 통해서만이 실상을 제대로 파악할 수 있다. 매출 성장률이 진실한 성장인가의 여부를 판정하려면 "성장원칙"을 적용해보는 것이 효과적이다. 예를 들어, 매출액 증가율이 종업원증가율에 미치지 못하거나, 순이익보다 높은 상승률을 보였다면 진실한 의미 또는 균형 잡인 성장이었다고 평가하기 어렵기 때문이다. 기업의 성장이란, 사람과 마찬가지로 기업은 성장속도가 빠르나 규모가 대형화되어감에 따라 "감속성장"이 불가피하다는 사실도 상호비교에서 유의해야 한다.

⑤ 안정성

기업의 안정성이란 재정 상태를 이야기하며, 구체적으로는 자본조달. 자본배분. 재무유동성을 포함하는 것이다. 저마다 세 가지 부문이 적정한 상태로 유지되어야 이들 상호 간의 균형이 제대로 건전한 재정 상태로 판정되는 것이다. 하지만, 자본의 조달이나 운용은 서로 적당한 균형관계가 유지되어야만 건전한 성장 발전이 가능해진다. 기업의 자산은 유동자산, 고정자산, 이연자산으로 구성되며, 이것은 자기 자본과 부채에 의해서만 조달된다. 안정성의 기초부문은, 자본조달의 균형, 또는 '차입금의 과대 여부'이다. 타인자본이란, 때로는 기업의 성장과 수익을 촉진하는 양약의 구실도 하지만, 반대로 기업의 불행을 가져오는 독약이 되는 수도 있어 이를 두고 "타인자본의 이중적 기능"이라고 한다. 자본배분이란, 자본의 고정화

정도이며, 또는 자본의 조달과 운용의 밸런스의 적부 상태이다. 시설투자는 운전자본과 달리 투입된 자본이 장기간에 걸쳐 감가상각비라는 회계처리에 의해 회수되므로, '목돈 들여서 푼돈으로 찾아내는 셈'이다. 따라서 상환부담이 없는 자기 자본으로 충당하는 것이 정석이며, 설비의 비중이 많은 업종은 고정부채를 가산한 장기자본으로 조달하는 것이 원칙이다.

2) 경영통제의 결과

(1) 경영통제의 의의

경영통제란, 기업의 목적과 그 성과에 대하여 일정한 기준, 즉 원리원칙, 경험 등의 종합적 기준에 비추어 정확한지 아닌지를 확인하는 세부적인 검토를 말한다. 경영에서 경영통제는 기업 전반의 시책이나 운영에 대하여 기업의 경영자 혹은 내부관리자가 전반적인 경영형태를 필요하면 수시로 간편하게 점검할 수 있다. 기업경영통제는 미용기업이 합리적이고 체계적인 경영으로 경영효율성을 높일 수 있도록 함에 그 목적이 있다. 또한, 경영통제의 목적은 경영상의 문제점을 조기에 발견, 개선함으로써 경영의 효율성과 건전성을 계속 유지하고자 함에 있다. 또한, 경영통제를 함으로써 경영전략 및 경영계획 수립과 관리에 대한 기업의 경영능력향상 효과가 있어 성장에도 공헌하게 된다. 기업은 정기적으로 경영통제를 하여 경영형태를 점검하여야 하나, 그 필요성은 경영여건이 급격히 변화하여 새로운 경영전략수립과 경영관리체제의 구축이 요구되는 현시점에서는 더욱 높아진다고 할 수 있겠다. 따라서 경영통제 기능을 충분히 발휘하려면 경영통제의 근본 목적이 경영상 문제점의 조기발견과 개선방안 마련을 통한 경영효율성 재고에 있음을 정확히 인식하고, 그 기본취지에 충실한 방향으로 실시하여야 한다. 기업에서 경영활동은 인력, 원재료, 기계, 설비, 기술, 정보 등 제 투입요소들이 상호 간 유기적 결합관계를 통해 제품을 생산, 판매하는 과정으로 이루어지고 있다. 정보에 대한 수요는 다양한 이해관계자 집단들로부터 유발된다. 이해관계자 집단은 나름대로 고유한 관심사항이 있으며 의사결정의 유형도 다양하다. 따라서 기업에 의해 공시되는 회계정보의 종류에 대한 우선 요구순위도 이해관계자 집단마다 다를 수 있다. 각 이해관계자 집단이 어떤 종류의 정보를 원하고 공시된 회계정보에 따라 그들의 의사결정도 어떻게 달라지고 궁극적으로 그들의 부의 분배가 어떻게 달라지는가를 예측하려면, 먼저 각 집단 간의 이해관계를 이해하여야 한다. 회계정보의 수요자 간에는 이해 상충이 존재할 수 있는데, 이 말은 다양한 유형의 회계정보 이용자집단 간에는 특정한 행위가 이루어졌을 때 부의 재분배가 초래될 수 있음을 의미한다. 주주, 경영자, 종업원, 공급자, 고객이나 정부 간에 다양한 이해관계, 상충이 존재한다는 사실을 인식한다면, 기업이 발표하는 정보의 내용이나 발표 시기에 대한 선호는 집단마다 서로 다를 수 있음을 쉽게 이해할 수 있다. 따라서 각 집단은 자기집단의 이해에 불리하게 작용하는 정보의 발표(공시)를 반대할 것이다. 물론 이해자 집단 간의 이해 상충이 존재한다는 사실은 어느 집단이 다른 집단에 항상 불리한 행위만을 한다는 것은 아니다. 예를 들어, 이해가 상충할 때는 우선 그들의 이해를 일치시키는 방안을 찾으면 될 것이다. 그러나 자기이익극대화 가정이라는 이론적 모형을 언급하지 않더라도 현실적으로 이해 상충이 존재한다는 사실과 상호 만족스러운 해결방안을 찾는다는 것이 얼마나 어려운가는 쉽게 짐작할 수 있을 것이다.

(2) 경영활동의 재무회계 역할

기업의 경영자는 기업환경으로부터 물적, 재무적 자원을 취득하고 이를 사용하여 투자자를 위해 가치를 창출하는 책임을 가지고 있다. 재무회계부분의 경영활동은 자금의 효율적 조달과 운용, 기업경영의 손익관리 심사분석을 그 기본적 기능과 역할로 구분하고 있다. 따라서 기업 재무회계부문의 기능과 역할을 원활히 수행하려면 우선자금조달과 운용을 효율적으로 수행해야 한다. 이를 위해서는 재무구조의 건전성 유지, 외부자금의 능률적 조달, 자금회전기간의 단축, 불필요한 지출의 통제, 명확한 회계제도의 확립 등이 요구된다. 재무회계부문의 이러한 역할과 기능에 근거하여 평가항목으로 자기 자본비율, 차입금 평균이자율, 외상매출금 평균결제기간, 영업비 비율, 회계제도의 확립수준 등을 선정할 수 있다. 자기 자본비율은 총자본에 대한 자기 자본의 비율이며, 재무구조의 장기적 안정성을 의미한다. 차입금 평균 이자율은, 사채 외국차관 은행 및 기타 금융기관 등으로부터 차입한 총 차입금의 평균이자율이며, 이 지표는 자사의 자본조달 능력과 금융기관신용도의 평가척도로 활용된다. 외상매출금 평균결제기간은, 외상매출금 회수속도이며, 이 지표는 기업의 재무유동성 관리능력과 투자자금운용의 효율성을 분석하는 척도로 활용된다. 영업비율은 매출에 대한 판매비와 일반관리비 비율이며, 이 지표로는 기업이 급하지 않은 자금지출을 얼마나 효율적으로 관리통제하고, 있는지를 파악할 수 있다. 회계제도 확립수준은, 회계서류의 직접 작성 여부와 회계장부의 작성수준을 파악할 수 있다. 이처럼 지금까지 살펴본 재무회계부문의 평가항목은 재무방침설정 및 계획 수립 회계제도의 확립, 자금수지 관리 이익 및 비용 수익관리 재무구조 관리 등으로 구분 설정할 수 있다. 재무방침 설정 및 계획수립은 재무방침의 설정과 재무계획의 수립으로 할 수 있으며, 회계제도 확립은 회계담당부서 확립수준, 기업회계제도의 합리적 확립, 회계처리 및 결산 절차의 적절성, 회계자료 활용의 합리성, 등으로 할 수 있다. 또한, 자금수지관리는, 현금 수지관리수준, 운전자금 관리수준, 설비자금관리수준, 매출채권 회수관리수준, 재고관리수준, 금융기관거래의 적극성 수준 등으로 할 수 있다.

그리고 이익 및 비용수익관리는 자본이익률 관리수준과 비용수익관리수준으로 할 수 있으며, 마지막으로 재무구조 관리는 재무구조의 장기적 안정성과 재무구조 개선노력을 그 내용으로 할 수 있다.

3) 전략적 경영통제 프로세스

(1) 전략적 통제의 정의

전략목표의 통제는 경쟁전략 관점에서의 궁극적인 목표를 통제하는 것이고, 전략프로그램의 통제는 전략목표를 달성하기 위한 구체적인 과제와 시간계획을 통제하는 것이며, 전략 예산의 통제는 전략 프로그램의 실행에 소요되는 자원을 통제하는 것을 일컫는다. 전략적 통제의 기본사고는 재무적 성과뿐 아니라 지속적인 성장을 가능하게 만드는 전략지표를 균형 있게 평가하고 통제해야 한다는 점에서 최근에 주목받는 균형성과 표에 의한 성과 측정 및 통제의 사고와도 궤를 같이한다. 특히 전략적 통제의 성공 요인으로 전략적 계획 수립에서 스킬의 확보를 지적한 것은 현재 우리나라 기업의 전략계획수립 역량에 비추어볼 때 매우 의미 있는 교훈이 될 수 있으리라 판단된다.

(2) 경영성과의 분석

경영성과는 투입요소 상호 간의 결합관계의 원활성의 수준에 좌우되기 때문에, 그 같은 경영성과가 있게 한 원인분석을 위해서는 투입요소 간의 결합관계의 원활성에 대한 분석이 필요해진다. 이상의 기업행동원리를 경영통제모형의 구성요소와 연계시켜 살펴보면, 기업의 경영성과 수준은 경영성과 평가항목의 분석으로, 그리고 경영 부문별 투입요소 간 결합관계의 원활성의 정도는 관리수준 평가항목 분석으로 가능하다. 경영성과 수준과 경영 부문별 관리수준이 파악되면, 이 같은 결과가 있게 한 근본원인분석이 필요하며, 이는 경영 부문별로 점검해 봄으로써 가능하다. 이상에서 살펴본 기업의 행동원리와 경영통제 구성요소와의 관계에서, 볼 때 경영통제는 다음과 같은 과정으로 진행되어야 한다.

첫째, 경영성과평가항목, 분석으로 자사의 경영성과수준을 파악한다.

둘째, 관리수준평가항목 분석으로 경영 부문별 관리효율성 수준을 파악한다.

셋째, 경영 부문별 체크리스트의 점검으로 부문별 관리 상태를 구체적으로 파악함으로써 부문별 관리사의 문제점들을 파악한다.

넷째, 체크리스트의 점검으로 발견된 경영 부문별 관리상의 문제점에 대한 개선방안을 마련, 문제를 해결한다.

(3) 경영통제를 위한 진단

기업의 경영통제는 기업의 곤란을 발견하고, 원인을 분석하여 해결책을 제시하는 기능만이 아니다. 오히려 경영통제는 기업의 문제가 치명적으로 발전하기 이전에 문제를 해결하는 사전적인 예방능력으로 더욱 힘을 발휘할 것이다. 또한, 경영통제는 진단업체 내부의 문제를 해결하는 것으로, 그 노력의 영역이 국한되는 것이 아니다. 개별기업의 경영통제는 정부의 정책적 지원을 확충하도록 강요하는 기능과 관련 기업(특히 대기업)의 거래행위를 자사에 유리하도록 변화시키는 기능, 그리고 금융기관의 태도를 바꾸는 기능 등을 함께 가지고 있다.

(4) 경영감사

경영감사가 본격적으로 연구되고 보급된 것은 1948년 아래에 요오더교수의 지도로 미네소타대학의 산업경영연구소의 삼중 감사 방식이 개발되면서부터이다. 경영감사의 종류는 주체에 따라서 내부감사와 외부감사 대상에 따라서 ABC 감사, 시기에 따라서 정기 감사와 비정기감사로 구분할 수 있다. 경영감사(personal audit)는 경영관리과정에서 경영통제의 중요한 수단이다. 경영평가란 경영통제를 위한 평가기준을 마련하고, 사실적인 자료를 수집하여, 경영관리가 제대로 되고 있는가를 평가하는 것이다. 인사고과가 개개인의 수준에서 그 능력과 업적이 조직의 요구에 비추어 어떻게 평가되고 있는가를 아는 데 목적이 있다면, 경영감사는 경영관리활동이 그 의도하는 목적에 비추어 적합한가를 평가하는 것이다. 따라서 경영감사는 경영관리제도와 활동, 그리고 성과에 관한 사실적 자료를 체계적으로 수집 평가하여 경영관리의 강점과 문제점을 발견 평가하고 필요하면 개선방안을 제시하는 것이다. 특히 기업조직이 거대화되면 환경의 변화에 적응하려고 조직을 분권화하는 경향이 있다. 그런데 일반적으로 부문 경영자는 자기 부서에 심각한 경영문제가 발생하기 전에는 일상적인 업무에 급급하여 그것을 예방하기 위한 행동을 취하기 어려운 것이 보통이다. 그러므로 최고경영자로서는 정책을 세우기는 쉽지만 시행하는 것은 어렵다고 할 수 있다. 특히 구체적 비용으로 그 성과나 문제점이 잘 드러나지 않는 경영정책의 시행에는 말할 나위가 없다. 따라서 조직 전체수준에서 효율성을 높이려면 즉 모든 수준에 그리고 모든 부문에 경영정책이 확실히 실행되도록 하려면 실제 관행에 대해 강력하고 집중화된 감사가 필수적으로 요구된다.

02 재무제표의 구조분석

1) 재무제표(Financial Statement)란?

(1) 재무제표의 의의

재무제표란 일정기간의 경영활동 결과에 따른 경영성과 현금흐름 및 일정시점의 재산 상태를 나타내는 재무자료이며, 경영활동 결과의 경영성적표라고 할 수 있다.

이러한 재무제표는 각 이해관계자가 합리적인 의사결정을 할 수 있도록 기업의 재무정보를 제공하는 역할을 말한다.

재무제표의 분류

구 분	내 용
대차대조표	• 일정시점(결산일) 현재 기업의 자산 부채, 자본, 즉 재산상태를 나타내는 재무재표
손익계산서	• 일정기간(결산기간)의 수익, 비용, 이익, 즉 경영성과를 나타내는 재무제표
이익잉여금 처분계산서	• 당기순이익 및 이익잉여금의 처분내역, 즉 배당금 적립금의 현황을 나타내는 재무제표
현금흐름표	• 일정기간(결산기간)의 현금유입, 현금유출, 즉 현금흐름 성과를 나타내는 재무제표

(2) 회계란

회계란, 기업의 경영활동으로 말미암아 발생하는 재산의 증감변동 내역을 분류, 기록, 집계하여 재무제표를 작성하고 이를 재무정보 이용자가 경제적이고 합리적인 의사결정을 할 수 있도록 재무정보를 제공하는 것이다.

① 재산의 증감변동

재산의 증간변동이란 회계적인 거래사실을 의미한다. 즉, 원재료를 구매한다든지, 경비를 지급한다든지, 제품을 판매하거나 용역을 제공하게 되면 재산증감변동이 일어나므로 거래사실을 인식하여 기록해야 한다.

② 분류, 기록, 집계

분류란, 복식부기의 원리에 의해 거래사실을 계정과목별 대차로 분개하여 회계 처리하는 것을 말한다. 기록이란, 분개내용을 계정별 장부(계정정보원장, 총 계정원장) 등에 장부에 적는 것을 의미한다. 집계란, 월, 분기, 연간 등 일정기간의 마감집계를 의미하며 이 집계 과정을 통하여 수익·비용은 기간 누계액, 자산, 부채, 자본은 기말 잔액을 확정하는 것을 말한다.

2) 재무제표 작성

(1) 대차대조표(Balance Sheet)

대차대조표는 일정시점(결산일)에서 기업의 자산보유현황과 부채, 자본의 자본조달상태를 나타내는 재무제표이다. 대차대조표는 사업개시 또는 사업연도의 시작시점에서 일정기간 경영활동(수익과 비용, 현금흐름)의 결과 즉, 재산증감 내역이 반영되어 다시 결산일 현재 재무현황으로 나타낸다. 기업의 재무 상태는 자산과 부채, 자본의 기말 잔액을 대차대조표의 왼쪽(차변) 자산의 구성 상태를 나타내며, 자산은 기업이 소유하는 경제적 자원을 나타내고 오른쪽(대변)은 부채 자본의 구성 상태를 나타낸다. 자산은 기업이 소유하는 부채+자본이다. 기업이 필요한 자금을 외부 채권자에게 조달한 자금(부채)과 기업의 경영주에게 조달한 자금(자기자본)을 나타낸다. 자산과 부채·자본 간에는 다음과 같은 균형이 항상 성립한다.

자산(자산총액) = 부채(부채총액) + 자본(자본총액)

대차대조표(B/S)

(차)	(대)
자산 100,000	부 채 60,000
	자 본 40,000
자산총액 200,000	부채·자본총액 200,000

대차대조표상의 자산, 부채, 자본을 세부적으로 분류하면 다음과 같다.

대차대조표(B/S)

	(자 산)		(부 채)		
자 산	1. 유동자산	55,000	1. 유동부채	35,000	부 채 · 자 본
	당좌자산	35,000	2. 고정부채	25,000	
	재고자산	20,000	부채총계	60.000	
			(자 본)		
	2. 고정자산	45,000	1. 자 본 금	20,000	
	투자자산	5,000	2. 자본잉여금	8,000	
	유형자산	30,000	3. 이익잉여금	9,000	
	무형자산	10,000	4. 자 본 조 정	3,000	
			자 본 총 계	40,000	
	자산총계	**100,000**	**부채·자본총계**	**100,000**	

(2) 손익계산서(Profit Loss)

손익계산서는 일정기간(결산기간)에 기업의 경영활동성과를 나타내는 보고서로, 그 기간에 실현된 수익(번 돈)과 발생한 비용(쓴 돈)을 차감하여 일정기간의 손익을 기록하고 이로부터 해당 기간의 이익을 계산한 표이다. 이러한 손익계산서는 대변(오른쪽)에 재화/용역제공의 대가인 수익을 나타내고 차변(왼쪽)에는 수익을 얻으려고 지출한 대가인 비용을 나타낸다.

수익 - 비용 = 이익

손익계산서(P/L)

(차)	(대)
비 용 180,000	수 익 200,000
이 익 20,000	
계 200,000	계 200,000

손익계산서상의 수익, 비용을 세부적으로 분류하면 다음과 같다.

손익계산서(P/L)

	(비 용)	(수 익)	
비용	1. 매 출 원 가 90,000 2. 판매관리비 45,000 3. 영업외비용 20,000 4. 특 별 손 실 10,000 5. 법인세비용 15,000	1. 매 출 액 170,000 2. 영업외수익 23,000 3. 특별 이 익 7,000	수익
	비용 총계 180,000		
	이 익 20,000		
	계 200,000	계 200,000	

대차대조표가 일정시점에서 기업의 재무상태를 보여주는 데 비해 손익계산서는 일정 기간에 일어난 경영활동의 성과를 나타낸다. 매출액과 매출원가에서 영업이익의 계산에 이르는 부문은 기업의 정상적인 영업활동에 관련된 수익과 비용에 대한 정보를 알려 준다. 특히 영업외비용 부문의 이자비용은 기업이 조달한 부채를 사용한 대가를 말한다. 당기순이익은 기업이 한 해 동안 벌어들인 수익에서 영업활동과 자금조달활동에 관련된 모든 비용과 세금을 뺀 후에 기업의 경영주에게 돌아갈 수 있는 몫을 나타낸다.

(3) 회계업무의 역할

① 미용기업 경영실적의 평가 - 손익계산서

일정기간의 수익에서 비용을 차감하여 손익을 계산한다.

② 미용기업의 재무 상태를 파악한다 - 대차대조표

경영활동 결과의 시점인 결산일(년, 월등) 현재 기업의 재무상태 즉 자산, 부채, 자본의 구조를 나타낸다.

③ 미용기업 현금 흐름을 파악한다. -현금 흐름표

일정기간의 현금유입에서 현금유출을 차감하여 순 현금 흐름을 나타낸다.

(4) 미래의 재무 흐름 예측

경영실적을 평가하여 재무적으로 바람직하지 못한 요소들은 개선하고 과거의 실적이나 처음 계획한 예산과 실적을 비교분석하여 개선요소를 반영하며, 경영실적을 근거로 하여 목표지표를 반영하여, 미래의 재무 흐름이 어떻게 될 것인가를 예측할 수 있는 재무정보를 제공한다.

3) 회계의 분류

(1) 재무회계

재무회계란, 투자 및 신용의사결정에 유용한 정보를 제공하는 것, 재무회계는 기업 실체에 대한 현재 및 잠재의 투자자와 채권자가 합리적인 투자의사결정과 신용의사결정을 하는 데 유용한 정보를 제공해야 한다. 재무회계는 투자 또는 자금대여 등으로부터 받게 될 미래 현금의 크기, 시기 및 불확실성을 평가하는 데 유용한 정보가 제공되어야 한다. 기업 실체의 경제적 자원, 의무 및 자본에 관한 재무상태 정보는 투자자와 채권자가 당해 기업 실체의 재무건전성과 유동성을 평가할 때 유용하다.

(2) 세무회계

세무회계(Tax Accounting)란 기업회계와 기업회계 기준에 따라서 측정된 기업이익을 세법 규정에 따라 과세소득의 측정과정이다. 세무회계는 현행 세법상 규정된 모든 세목에 대한 세금계산을 의미한다. 초창기의 세무회계는 납세의무자가 납부할 세액을 세법 규정에 따라 과세권자가 계산을 전달하는 정도로 해석하였으나, 경제가 발전함에 따라 조세제도가 국민경제에 미치는 영향이 증대되고, 납세 의무자가 납부할 세액을 과세권자가 측정・전달하는 제도로 전환됨에 따라 조세제도에서 회계학적 기법이 중요시되게 되었다.

① 과세권자

과세주체라고도 하며 적법하게 조세의 납부의무를 명할 수 있는 권한이 있는 자를 말한다. 국세 (양도소득세, 상속세, 증여세, 법인세, 부가가치

세, 등)의 과세주체는 국가이고, 지방세 (등록세, 취득세, 재산세 등)의 과세주체는 지방자치단체인 서울특별시, 광역시, 도, 시, 군, 구이다.

(3) 관리회계

관리회계란 기업의 경영자가 경영 계획을 책정, 의사결정을 하는 데 도움이 되는 '의사결정회계'와 경영관리를 위한 '업적관리회계'의 두 가지로 대변될 수 있다. 전자는 경영자가 원가명세, 입지, 설비 등 경영구조에 관한 기본적 사항의 의사결정에 필요한 회계정보를 말한다. 후자는 경영관리이며 경영상의 경상적·반복적 업무집행에 도움이 되는 계획책정과 통제를 위한 회계정보를 제공한다. 업무예산, 손익계획, 표준원가계산 등이 이들 분야의 주요 항목이다. 관리회계담당자는 경영자들과 직접적으로 의사소통을 할 수 있으므로 의사결정자의 특정한 요구에 적합한 내부보고서를 작성한다. 관리회계보고서는 일반목적의 재무제표와는 달리 특정회계기준에 따를 필요가 없고 기업마다 경영관리의 필요성에 따라 임의적으로 작성된다.

재무관리, 세무관리 관리회계의 차이

구 분	재 무 회 계	세 무 회 계	관 리 회 계
목 적	외부보고	세무신고	내부관리자
정 보 이용자	투자자, 채권자 거래선 등,	세무당국	내부경영자
적용기준	기업회계 기준서	법인세 등	기업내부의 관리기준
법적근거	강제성	강제성	임의성
시 기	결산기, 반기,분기	결산기, 반기	수시
보고서	재무제표	법인세 과세표준 신고서	내부보고서

범 위	전사	전사	사업단위
성 격	과거실적 중심	과거실적 중심	미래예측 중심

03 비용(원가) 변동비와 고정비로 나눈 이유

1) 변동비(Variable Costs)와 고정비(Fixed Costs)란

손익계산서의 구조에서 본 바와 같이 비용은 매출원가, 판매관리비, 영업의 비용

매출액은 미용실에 고객이 얼마나 증가했는가에 따라 금액이 결정된다.

(1) 펌 고객이 몇 분 더 추가되어 매출이 증가하는 비용 - 변동비
(2) 가게 세, 보수, 유지비 등 일정하게 발생하는 비용 - 고정비
변동비는 재료구입비(상품원가) 고객 한분에게 들어가는 재료가 해당되며, 집세, 인건비 등과 같은 고정비는 고객이 많든 적든 매월 일정금액을 지불해야 된다.

정리하면

- 변동비 - 매출액의 증감에 따라 일정한 비율로 증가하는 비용
- 고정비 - 매출액의 증감에 관계없이 일정하게 발생하는 비용
- 준변동비 - 변동비와 고정비의 성격이 복합된 비용

특별손실, 법인세비용으로 나누어진다. 이것은 재무회계 측면의 비용분류이며, 관리목적의 관리회계 측면에는 비용을 변동비와 고정비로 분류하여 분석할 필요가 있다. 우선 변동비와 고정비의 개념을 다음 예시로서 정리해 본다.

2) 변동비는 어떤 것?

- 원재료비
- 판매 수수료

변동비는 매출과 관련이 있다. 즉 변동비는 매출이 많이 증가하면 그에 비례해서 증가하는 비용을 말한다. 그래서 일반 경비를 반드시 변동비라고 할 수 없다. 교통비는 등은 활동이 활발해지면 확실히 증가하지만, 매출과 직접적인 관련이 없는 경우도 많기 때문이다. 일반 경비는 고정비라 볼 수 있다.

$$변동비율 = \frac{변동비}{매출액} \times 100$$

3) 고정비에 해당하는 것?

- 집세
- 인건비
- 리스대금
- 감가상각비
- 복리후생비
- 일반 경비

교통비와 인건비도 성과주의나 성과급제도의 도입에 따라 일부분은 변동비로 취급되고 있다. 그러나 교통비나 인건비는 대부분 총액으로 고정돼 있다. 잔업대금도 매출과 직결되지 않는다. 물론 변동비로 볼 수 있는 요소도 있지만, 일반적으로는 고정비로 분류된다. 다만, 정규직과 구별해 임시로 일하는 시간제 근무자의 인건비는 변동비로 취급되는 일도 있다. 어느 쪽이든 대부분의 비용(경비)은 고정비다.

$$고정비율 = \frac{고정비}{매출액} \times 100$$

4) 준변동비(Semi Variable Costs)

매출증감에 따라 증감되는 변동비와 매출증감에 관계없이 일정하게 발생하는 고정비가 복합적으로 포함된 비용

$$준변동비율 = \frac{준변동비}{매출액} \times 100$$

5) 한계이익과 손익분기점의 원리

손익분기점을 넘으면 이익이 급격하게 커진다. 흔히 '101%와 99%는 하늘과 땅 차이'라고 하듯이 손익분기점을 넘으면 고정비라고 하는 무거운 짐에서 해방되기 때문에 이익이 급증한다. 그 이유는 손익분기점을 넘은 만큼 매출에 대한 한계이익이 그대로 이익이 되기 때문이다.

한계이익 = 매출액 - 변동비

손익분기점 이전

손실 부분 | 매출이 고정비와 변동의 합계를 상회하고 있으며, 매출에서 고정비와 변동비의 합계를 공제한 금액이 곧 이익이다.

고정비 | 매출이 증가해도 고정비는 증가하지 않는다.

변동기 | 매출이 증가한 만큼 변동비(재료비)는 증가한다.

손익분기점

고정비 / 변동비 | 고정비와 변동비의 합계가 매출과 같다.

손익분기점 이후

이익 부분

고정비 | 매출이 감소해도 고정비는 감소하지 않는다.

변동비 | 매출이 감소한 만큼 변동비(재료비)는 감소한다.

6) 투자 안의 현금흐름과 화폐의 가치

(1) 투자의 의의

투자란, 미래의 더욱 큰 현금흐름을 창출하려고 지금 현금을 투입하는 것이며, 투자시점에서 현금유출이 발생하고 미래의 투자회수기간 동안 현금유입으로 자금이 회수된다.

① 자금투자 - 현금유출

투자지출에는 토지, 건물, 기계장치 개발비 등의 고정자산, 투자지출과 재고자산, 매출채권 등의 경상자금 지출로 구분된다.

② 자금회수 - 현금유입

투자자금회수는 영업이익, 감가상각비 등 현금유출 없는 비용 잔존시설 매각, 운전자금 회수자금으로 구분된다.

③ 현금 유입금액이 현금유출금액보다 클 때 경제성이 있다고 판단한다.

(2) 투자 안의 상호관계와 투자 분류

① 독립적 투자

투자 안에 대한 개별적인 의사결정이 필요한 투자 안으로서 타 투자 안의 의사결정에 영향을 미치는 않는 투자

② 특정투자 안을 선택

특정투자 인을 선택하면 특정투자 안 이외 투자 안은 포기해야 하는 투자 안으로서 타 투자 안의 의사결정에 영향을 미치는 투자

(3) 화폐의 시간가치

① 현금유입, 현금유출에 의한 경제성 판단

현금유입, 현금유출에 의한 경제성 판단 시 투자지출 시점과 투자회수 시점 간 화폐의 시간적 가치가 다르므로 현금유출과 현금유입을 현재가치로 환산하여 판단해야 한다.

② 미래가치와 현재가치

- 미래가치 : 현재의 일정금액이 미래의 일정기간 경과 후 얼마나 가치가 있는가?
- 현재가치 : 미래의 일정금액이 현시점 기준으로 얼마의 가치가 되는가?

(4) 투자 경제성 분석

① 자본예산(Capital Budgeting)

자본예산은 기업의 장기적인 경영전략과 자금조달계획, 미래상황에 대한 분석을 토대로 신중하게 이루어져야 한다. 그뿐만 아니라 미래의 자금수요와 투자 효과에 대한 합리적인 예측을 바탕으로 이루어져야 한다. 이는 기업의 존폐와 직접적으로 연결되므로 다각적이고 광범위한 자금수급계획이 필요하다. 최근에는 하루가 다르게 변하는 경제 환경의 변화, 소비자 취향의 변화, 국가정책의 변화 등 여러 요인을 계획성 있게 분석하여 투자결정을 해야 한다.

미용기업은 초기 설립 때는 물론 이후에도 미래의 성장을 위해서 계속 투자를 하게 된다. 투자로 말미암아 고정자산을 취득하게 되고 그 투자 효과는 일시적으로 나타나는 것이 아니라 장기간 즉 투자기간에 걸쳐서 효과가 나타나는데 이러한 미래투자의 전체적인 계획과 투자의 경제성 여부를 판단하는 것이 바로 자본예산이다.

② 자본예산의 중요성

자본예산은 투자규모가 크고 미래의 수익성 및 기업의 위험에 중대한 영향을 미치므로 기업의 장기적 성장과 직결된다. 자본예산은 투자규모가 클 뿐만 아니라 투자자금에 대한 회수가 장기간에 걸쳐 회수됨으로 많은 위험을 내포하고 있다. 자본예산은 대규모의 현금유출이 필요하기 때문에 기업의 재무구조와 유동성에 큰 영향을 미친다. 기술혁신의 cycle이 빠르므로 투자자금을 될 수 있는 대로 단기간 내 회수할 수 있는 의사결정이 중요하다.

(5) 자본예산의 의사결정 과정

자본예산 의사결정

의사결정 Process	
투자사업 개발	기업내적인 환경, 산업분석, SWOT 분석을 통해 투자 사업에 대한 기회를 발견하는 단계
기술적 요인 분석	투자입지, 시설규모, 기술개발, 제품구성, 등에 대한 기술적 요인을 분석하는 단계
경제적 요인 분석	수요예측을 통한 판매계획 및 원가계획으로 손익계획, 자금운용, 조달계획 및 재무구조계획을 수리하는 단계
경제적 타당성 분석	투자 안의 미래 현금흐름(현금유입. 현금유출)을 추정하여 투자회수기간, IRR. NPV로서 경제성을 판단하는 단계
투자 안의 의사결정	투자 안 중 미래의 기업가치를 극대화할 수 있는 투자 안을 선택하는 단계
투자 안의 사후관리	투자 안의 의사결정 이후 실행내용의 애초 투자목표의 차이분석과 앞으로 의사결정의 Feed back 단계

Tip

실무에서 회계를 표현하는 법

1. 회계를 너무 믿지 마라.
2. 재무제표는 'X레이 사진'이다.
3. 이익에 all in 하는 것보다. 현금을 쫓아라!
4. 사령탑으로 정보를 구축하라.
5. CVR 분석으로 회사의 균형을 잡아라.
6. 시간은 비즈니스를 지배하는 특권이 있다.

Chapter 08

고객 관계 관리(C.R.M)

eauty Administration & Customer Relationship Management

인간은 기계와 달리 두뇌와 감정이 있다

① 인간은 시간 속에서 행동한다.
- 과거를 기억한다.
- 미래와 과거를 돌아보며 현재를 발전시킨다.
- 미래를 믿는다.

② 인간은 의미를 추구한다.
- 세상을 이해하려고 노력한다.
- 주변 환경과 조화를 이룬다.
- 창조하며 공통된 관점을 수용한다.

③ 인간은 영혼이 있다.
- 정체성이 있다.
- 업무를 비롯한 여러 가지 일에 영감을 얻고, 열정을 가질 수 있다.
- 조직에 합류하거나 방관자적 입장을 취할 수 있다.

- 린다 그라톤(Lynda Gratton) 경영교육자

Chapter 08 고객 관계 관리(C.R.M)

01 외부 고객관리의 개념

1) C.R.M(Customer Relationship Management)

고객 관계 관리, 즉 C.R.M(Customer Relationship Management)의 등장은 20세기 말부터 본격화된 치열한 경쟁 환경과 고객과의 관계 관리의 중요성에서 대두한 비즈니스 개념 & 정보시스템이다. 21세기 기업은 급격한 변화의 압력에 직면해 있다. 세계화가 빠르게 진행되고 있고, 기업 간 경쟁은 국경과 업종의 경계를 넘어 나날이 치열해지고 있다. 이와 같은 상황에서 고객의 힘은 나날이 강해지고 있고 단순히 고객을 확보하는 것이 아니라 고객의 신뢰를 확보하고 이를 통해 단일 고객으로부터 얻는 이익을 극대화하는 것이 기업의 새로운 목표가 되었다. 정보기술의 발전에 따라 고객 및 기업은 인터넷을 기반으로 다양한 정보에 접근 가능해졌다. 고객은 정보를 이용하여 상품 가격을 쉽게 비교할 수 있게 되었을 뿐 아니라 직접 가격을 결정할 수 있게 되었다. 또한, 기업 측면에서 가치가 고객으로부터 창출된다는 인식이 확산하면서 정보기술을 이용하여 고객정보를 전략적으로 활용할 필요성이 대두하였다. 고객이 상품 및 서비스를 판매하는 곳을 찾아야 하는 판매자 중심의 시장에서, 상품 및 서비스를 판매하는 기업이 고객을 찾아야 하는 고객 중심의 시장으로 변화하고 있다. 마케팅

패러다임이 제품 판매 중심에서 기존의 우수 고객을 유지하고 이탈 고객을 최소화하려는 관계 마케팅(Relationship Marketing)으로 이동하는 것이다. 고객의 행동양식에 대한 이해를 바탕으로 기업경영의 질을 높이기 위한 전략 조직 프로세스 및 기술상의 변화과정을 의미하며, 여기에는 마케팅, 판매, 고객 서비스 등이 포함된다. CRM의 구현은 고객관련 활동들과 연계된 조직, 업무 프로세스와 정보기술 인프라의 고객 가치 중심으로의 재편을 의미한다. C.R.M은 고객에 대한 정보를 수집하고 수집된 정보를 효과적으로 활용하여 '신규고객 획득 ➡ 우수고객 유지 ➡ 고객 가치 증진 ➡ 잠재고객 활성화 ➡ 평생 고객화'와 같은 사이클을 통하여 고객을 적극적으로 관리하고 유지하며 고객의 가치를 극대화하기 위한 기업 마케팅 전략의 일환이다. 기업은 C.R.M을 기반으로 다양한 이익을 얻을 수 있는데 우선 우수고객의 유지비율을 향상시킬 수 있으며, 고객 이탈로 말미암은 손실을 최소화할 수 있다. 또한, 잠재고객을 활성화해 수익증대 효과는 물론 과학적으로 분석하여 마케팅 활동을 효율적으로 수행함으로써 비용절감 효과를 기대할 수 있다.

2) 미용기업 고객관리의 정의

최근에는 '고객만족'에서 '고객감동'으로 이제는 '고객졸도'라는 말로 변화되고 있다. 고객을 최우선으로 하는 경영방침이 초일류 기업의 필수조건으로 하는 경영이야말로 초일류 기업의 필수조건이다. 고객관리란 고객감동을 주기 위한 일련의 교제활동이라고 정의할 수 있다. 여기서 언급된 고객감동이란 고객들 기대치의 범주에서 접근해 볼 때, 그 제품(작품)에 대해 고객들이 지각하는 결과를 고객들의 기대치와 비교하여 얻어낸 고객들의 즐거움이나 실망감을 말한다. 따라서 고객들의 감동 수준이란 지각하는 성과와 기대치 간의 함수 차이라고도 말할 수 있다. 고객은 단순히 자기 회사의 제품을 구매하는 사람을 고객이라는 생각에서 고객을 1) 내부고객(종업원) 2) 외부고객(구매, 구매 가능고객) 3) 주주 4) 사회 등 4가지로 분류한다.

따라서 진정한 고객감동 경영이 되려면 위의 4가지 고객이 만족하여야 진정한 고객감동 경영을 했다고 할 수 있다. 고객감동 경영의 목표는 회사 이익창출의 극대화에 있다. 원래 회사는 이익을 창출해야만 존재가 가능한 집단이다. 따라서 이익을 창출하지 못하는 기업은 존재할 수 없다. 고객감동 경영을 해야만 1) 충성고객이 늘고, 2) 신규고객을 창출하며, 3) 기업의 경쟁력을 강화하고, 4) 원가구조를 개선할 수 있다. 이렇게 고객감동 경영은 결국은 고객의 가치 창출을 극대화하고 더 나아가서 기업의 장기 비전을 효율적으로 달성하는 기본이 된다 할 수 있으며 그래서 고객감동 경영을 추구하고 있다. 미용기업 경영자와 직원들은 고객관리의 중요성을 깊이 깨닫고 고객감동체제를 구축하려면 수동적인 자세가 아닌 능동적인 미래지향적 자세로 신기술개발 및 신규고객 창출을 위해 미용경영의 환경변화에 맞는 경쟁력 있는 미용기업으로 탄생해야 한다. 그러나 고객유치의 목적으로 판촉이나 광고 이벤트를 진행하는 것도 좋은 방법이겠지만 고객 유지 및 관리를 위해서 정성과 친절한 서비스에 본질을 둔 고객의 마음을 최대한 만족하게 하는 결과에 치우친 관리가 아닌 과정 하나하나에 세심한 신경을 쓰는 효율적인 고객관리가 우선시 된다. 미용기업의 가치를 극대화하려면 고객에게 최대한의 감동을 줄 수 있어야 하며, 이를 위한 핵심역량을 확보할 수 있어야 하기 때문에 장기적인 관점에서 고객관리는 미용기업의 경쟁력과 직결되어 있다고 볼 수 있다. 그러나 고객관리 만족만이 기업의 성장과 생존을 유일하게 보장해 줄 수는 없다. 왜냐하면, 고객감동을 위해서 지속적으로 과도한 비용을 지급하게 된다면 수지타산이 악화하여 장기적인 경쟁력 확보가 어렵게 될 수 있기 때문이다. 고객관리 경영은 단순히 고객을 감동시켜야 한다는 당위론적인 일반화된 개념이 아닌 좀 더 구체화한 분류를 통한 전문성이 요구되는데, 이를 구분 짓자면 현재고객과 미래고객의 두 부류로 나눌 수 있겠다. 고객들의 라이프스타일이 개성화의 단계에서 점차 다양성을 띤 형태로 변화되어가는 요즈음에는 기존고객(단골) 역시 언제 발길을 끊을지 모르는 항시 신경을 써야 하는 존재이다. 고객서비스나 세심한 고객관리가 부족하면, 이탈의 소지를 배제할 수 없기 때문이다. 진정한 고객관리는 미용기업의 수익을 증대시키기 위한 구체적이고도 실질적인 개념의 관리이다.

(1) 고객만족의 경영전략

고객만족 경영을 달성하려면 먼저 조직의 구성원 모두가 고객을 열광시키는 것을 자기 행동의 목표로 삼는 조직문화가 형성되어야 한다. 모든 작업의 가치는 고객에 의해 결정된다. 고객이 품질을 평가하는 주체라는 사용자중심의 인식이 확산함에 따라 품질의 현대적 정의는 고객기대의 충족 내지는 감동에 모이고 있다. 모든 작업의 가치는 고객에 의해 결정된다. 높은 만족과 기쁨은 이성적인 선호성이 아니라 그 기업 대한 감성적인 친근감을 조성한다. 그 결과 높은 고객충성심이 조성된다. 매우 만족하거나 기뻐하는 고객들은 보통 수준으로 만족하는 고객보다 그 기업에 대해 10배 이상의 가치가 있다고 믿는다. 주변에서 미용기업의 고객만족 서비스 수준을 수시로 파악하고, 철저한 서비스란 현장 중심의 행동으로 실천할 수 있어야 하며 진정한 고객서비스의 분위기를 형성함으로써, 서비스의 행동을 습관화하여 고객입장에서 먼저 생각해주고, 고객의 의견을 적극적으로 경청한다. 고객에게 만족을 주는 미용기술과 서비스도 중요하지만, 고객의 불만족을 어떻게 하면 가장 최소화하느냐가 더 중요하다. 미용기업의 고객들은 사전 기대치에 대한 미용기술과 서비스의 결과에 대한 반응이 크기 때문에 불만족의 기대치 역시 크게 작용한다.

또한, 제도적인 측면에서는 고객과 접촉하는 종업원들에게 제품과 고객에 대한 모든 정보를 제공하는 정보시스템이 제공되어야 하며 고객만족 실적에 따라 종업원의 보수가 결정되게끔 고객만족과 보수체계를 연계시켜야 한다. 또한, 종업원들의 의식이 고객 지향적 사고로 전환되어 이를 실천하게 되어야 한다. 이를 위하여 경영자들은 종업원들이 자기의 첫 번째 고객이라고 생각하고 종업원들을 만족 시키려고 노력하여야 한다. 외부고객을 만족하게 하려면 먼저 내부고객 즉, 종업원을 만족하게 해야 한다는 사실을 경영자는 인식해야 한다. 만족하지 않은 종업원이 고객을 만족하게 할 수 없다. 고객만족 경영을 실천하려면 무엇보다도 최고 경영자의 역할이 중요하다. 고객만족의 필요성을 조직 전체에 인식시키고 전사적으로 고객만족 경영이 이루어지려면 최고 경영자의 적극적인 지원과 솔선수범이 있어야 한다.

(2) 고객만족 경영의 실천방법

21세기는 최첨단 과학의 시대이며 고감도 감성의 시대이다. 일을 통해 감동체험을 많이 하는 종업원은 진정한 이 시대의 프로일 것이다. 최근 여러 미용기업이 고객만족(CS) 경영을 위해 노력하고 있지만 '고객은 왕'이라 하더니 어느새 고객은 하늘이다, 고객은 신(神)이라는 소리까지 나오는 현 시점에서 고객과 다투고 고객에게 폭언을 퍼붓는 사람들을 '대역죄인'이라는 말도 있고 고객을 비방하는 직원, 고객과 싸우는 직원은 즉시 징계하거나 해고해야 한다는 경영층에 생각이다. 고객은 왕인데 왕에게 대들고 싸워서 이기겠다는 자세야말로 대역죄로 다스릴 수밖에 없단다. 고객은 별로 힘을 들이지 않고 기업을 징계할 수 있다. 그것은 거래관계를 끊을 것이다. 또한, 평생 기회가 닿을 때마다 그 기업에 대해 악평을 하고 다니며 이 악평의 특징은 평생 무보수로 그리고 수시로 한다는 것이다. 유능한 직원들은 고객을 만족하게 하고 평생고객으로 만들며 나아가 기업의 홍보요원으로까지 승화시킨다.

무능한 직원들은 고객을 분노하게 하고 거래를 끊게 하며 평생 악평을 하게 부추긴다. 이 모든 것이 '고객접점'에서 이루어진다. 고객접점에서 고객만족이 아니라 전투가 이루어지면 아무리 많은 돈을 들여서 기업홍보와 제품광고를 해도 경영성과는 오르지 않게 된다. 고객이 기뻐하는 것을 보면 나는 더 기쁘다. 라는 마음을 가져야 하는데 아직도 고객과 다투기도 하고 고객을 면박을 주기도 한다. 이런 직원이 많으면 그 기업은 결국 경쟁력을 상실하게 된다. 고객만족관리 경영의 시작은 바로 '고객서비스'라고 볼 수 있다. 고객서비스의 가장 중요한 부분은 '고객에 대한 다정다감한 배려'이며, 고객에 대한 세심한 배려와 함께 접근한 서비스가 고객만족을 창조한다. 고객에 대한 서비스는 상식이 부족한 언행이나 부족한 테크닉으로 불만족이 일어날 수 있지 않도록 고객심리에 대한 철저한 준비가 필요하다. 그러므로 이 모든 것이 고객의 만족으로 이어지려면 지속적인 교육과 노력을 통해서 실천되어야 한다. 고객서비스에는 직원들의 표정, 순발력 있는 동작, 부드러운 말솜씨, 깔끔한 복장 등 교육을 수시로 받지 않으면 발전할 수 없다.

(3) 고객만족의 실태 파악 및 측정

① 고객만족 조사

미용기업의 고객들은 네 번 방문 중 한번은 불만족하고 있으며, 불만족 고객 중 5% 미만이 불평한다고 밝혔다. 대부분의 고객은 불평하기보다 재방문을 하지 않고 과감하게 다른 미용기업으로 바꾸는 것으로 마음의 위로를 찾는다. 고객만족에 대한 자료를 수집하면서 고객의 재방문 의도를 측정하기 위해서 추가적인 질문을 하는 것도 매우 유용한 방법인데, 재방문 의도는 고객의 만족이 높은 경우 상대적으로 높아진다. 고객 스스로 다른 사람들에게 자신이 이용하는 미용기업의 이미지를 높이 평가하고 권장해 줄 수 있는 의도와 가능성을 측정하는 것도 또한 유용한 방법이며, 고객의 말을 통한 아주 양호하고 긍정적인 구전점수는 그만큼 자사가 높은 고객만족을 창출하고 있다는 것을 나타내는 것이다.

② 불평불만의 제안 시스템

고객만족을 집중적으로 관리하려면 우선 고객들 불평불만의 제안을 쉽게 전달할 수 있도록 할 수 있어야 한다. 역시 기업들은 쌍방향 커뮤니케이션을 활용할 수 있도록 웹사이트(Website)와 전자우편을 추가해야 한다. 미용기업은 이러한 정보를 통해서 풍부하고 독창적인 아이디어를 얻을 수 있고 또한, 그러한 문제들을 해결하기 위해서 더욱더 신속하게 대응할 수 있게 된다.

③ 상실고객의 분석

미용기업의 방문을 중지하거나 또는 다른 데로 방문한 고객들과 접촉하여, 왜 그런 문제가 발생하게 된 전우 상황에 대해 알아야 한다. 어떤 고객이 상실하였을 때 자사가 그 잘못한 원인을 파악하기 위한 꾸준한 노력이 필요하며, 고객이 처음으로 방문했다가 이탈고객으로 변해 있다면, 그 고객과 직접적인 면담을 시도하는 것도 중요하겠지만, 고객의 상실률을 조사하는 것도 중요한 방법의 하나다. 만약 고객의 상실률이 점차 증가한다면 이는 미용기업의 경영목표와 실천이 잘못되어 고객을 만족하게 하지 못하고 있다는 것을 나타내는 것이다.

3) 미용기업 고객관리 질적 개선

(1) 고객관리와 부가가치 서비스전략

서비스 부문에서 부가가치가 중요해지는 이유는 양적 생활수준 향상이 이루어진 상태에서 사람들이 질적 생활수준 향상을 추구하기 때문이다. 생활수준 향상에 비례해 욕구도 점차 변하는 양상은 자연스런 대중 현상이자 유행이라 할 수 있다. 소수의 사람만이 누리던 것을 이제 누구나 소득이나 경제여건에 관계없이 누릴 수 있게 됨에 따라 수요가 늘어나고, 이에 부응하여 공급도 늘어난다. 부가가치서비스에 대한 대중의 욕구증가를 인식한 기업들도 부가가치 서비스를 중요시하는 전략을 취할 것이다.

세계나라의 경제구조가 서비스산업을 중심으로 하는 체제로 변화되면서 서비스 시장은 무한한 잠재력과 발전 가능성을 가지게 된다. 서비스 부문이 기업의 성패를 좌우하는 시대에 들어섬에 따라 기업들도 새로운 전략을 짜게 된다. 과거에는 서비스를 유형재, 판매의 보조수단으로 여겼는데, 이제는 서비스 자체가 하나의 상품으로 인식되기 시작했기 때문이다. 앞으로 서비스 유형재를 판매할 때 덧붙이는 부가가치상품으로 보든, 서비스 자체를 하나의 상품으로 보든 간에, 서비스가 매우 중요한 경제활동 수단을 인식한 기업들이 서비스를 전략차원에서 적극적으로 개발하여 활용하게 될 것이다. 현대인들의 자아를 실현하고사 하는 욕구를 충족시킬 수 있고, 여가수요 증가에 부응할 수 있는 새로운 산업 형태인 서비스 산업이 관심의 대상으로 드러난 것이다. 소비자들의 욕구와 공급업체들의 경영전략이 맞아떨어져 서비스 부문의 수요 증대 현상이 나타나게 되고, 국가적으로도 서비스 산업의 육성은 피할 수 없는 것이므로 전 세계가 거대한 서비스 시장을 이루게 될 것이다. 사회 전체의 부가 증가하고 고도의 지식이 축적됨에 따라 서비스 수요가 유형재 수요보다 높아지리라는 점은 분명하다. 따라서 효과적인 서비스 공급을 위해서는 더욱 전문화된 서비스 영역을 개발할 필요성이 드러날 것이고, 이러한 서비스 개발 과정에 참여하여 고도의 기술서비스 창조에 이바지할 고학력 전문가들이 서비스 시장을 장악할 것이다. 기존의 서비스 행위의 한계를 뛰어넘어 우리가 예상할 수 없었던 부문까지도 시장이 확장될 것이고, 무한대로 서비스의 세분화가 진행될 것이다. 결국, 우리의 삶에서 서비스는 거래행위뿐만 아니라 삶의 필수조건이 될 것이고, 경제적인 관점에서 서비스의 가치는 확고해질 것이다. 물리적 성장의 한계점에 다다른 선진국에서는 이미 소비패턴이 생활중심에서 사회문화 활동중심으로 이동하기 시작했고, 소비수준의 향상과 더불어 비중이 커진 서비스산업이 새로운 성장 원동력으로 자리매김을 하였다.

(2) 고객관리를 위한 자세와 기회역전

"자신은 얼마나 감동하며 살고 있으며 또한 상대를 얼마나 감동시키며 살고 있는가?" 직장인에게 이것이 행복의 조건이고 성공의 필수요소라고 생각한다. 고객들은 기업이 자신이 기대했던 서비스를 해 주지 않을 때 당황하거나 짜증을 내게 되며 불편함과 불쾌감을 느끼게 된다. 이런 순간을 붕괴(breakdown)의 순간으로 표현하고 있다. 이런 붕괴사고가 났을 때 기업이 어떻게 처신하느냐에 따라서 '고객이탈'과 '고객감동'이라는 전혀 상반된 결과가 나타나게 된다. 붕괴사고를 수수방관하거나 적당히 넘겨보려고 하면 고객은 영원히 이탈하게 되며 평생 악평 자가 되고 만다. 하지만, 이때 사후처리를 얼마나 잘 지혜롭게 하느냐에 따라 고객은 오히려 감동체험을 하게 된다. 가벼운 실수했을 때가 오히려 고객감동을 줄 기회 일 수도 있다.

고객을 감동시키는 효과적인 서비스 복구회복 5단계

① 즉각적인 사과

"제가 보기에는 괜찮은 것 같은데요." "사람이 하는 일인데 그럴 수도 있지 않습니까?" 이런 애매한 태도가 아니라 "제가 잘못했습니다."라고 즉시 시인하고 사과해야 한다.

② 긴급한 복구

고객을 위해 모든 수단을 동원하고 있다는 것을 느낄 수 있도록 긴장감을 가지고 분주하게 움직여야 한다. "도대체 뭐 하는 거요!" 이런 소리가 나올 때는 이미 때가 늦다.

③ 감정이입

고객의 불편과 당혹감을 함께 통감하는 자세가 필요하다. 즉 고객의 입장에서 움직이고 있다는 것을 느끼게 해 주는 것이 효과적이다.

④ 상징적 보상

그냥 죄송하다거나 앞으로 조심하겠다는 표현으로 끝낼 것이 아니라 특별할인이나 선물제공 등 상징적인 보상책이 필요하며 고가의 상품이 아닌 경우에는 아예 돈을 받지 않는 것도 좋은 방법이다.

⑤ 완벽한 사후처리

며칠 후 엽서를 보내거나 전화를 걸어서 다시 한 번 사과하고 우리는 당신을 진심으로 소중하게 생각하고 있다는 것을 느낄 수 있도록 한다. 이처럼 고객이 화가 났을 때 완벽한 복구공사를 하면 고객은 대부분 감동체험을 하게 된다. 실수했을 때가 바로 고객감동의 기회라는 것을 깨닫고 사후처리를 잘하는 일류 기업으로 발전할 수 있다. 감동하면서 사는 인생, 감동을 시키면서 사는 인생이 최고의 인생이 된다는 것을 자각하며 살아야 한다.

4) 미용기업 고객관계 유지 프로세스(Relationship Retention)

소비자라는 용어는 어떠한 형태로든 생산된 부가가치를 소비하는 일반 대중을 의미한다. 너도나도 모두 소비자라 할 수 있다. 고객은 메인 타겟의 소비자, 한 기업의 특정 제품이나 서비스에 충성도를 가진 소비자를 말한다. 우리는 고객과 소비자를 같은 것으로 보고 이 둘을 구분하지 않고 사용하고 있다. 그러나 우리가 소비자를 위해서 만들 것인가? 고객을 위해서 만들 것인가? 엄연히 다른 것이기 때문에 다른 결과물이 나온다. 소비자의 의식 속에 그 상품(작품)이 왜 좋은지(이유), 어떻게 좋은지(구조), 무엇이 좋은지(특징 · 개념)가 각인되면 지속적인 판촉을 할 수 있을 것이다. 고객의 단계를 향상시키려면 상품(작품)에 대해서 확실하게 인식하고 납득할 수 있도록 해야 하며, 이러한 것을 인지하고 받아들인 고객은 충성 고객으로 이어질 가능성이 크다.

충성 고객을 육성하는 프로세스

충성고객	절대로 이 작품 아니면 안 된다.
애용고객	좋으니까 여러 번 이용하고 있다.
반복고객	여러 번 이용했지만 다른 작품도 좋다.
이용고객	이용해 본 적이 있다.
예상고객	상품(테크닉스타일)을 알고만 있다.
미지고객	아직 상품(테크닉스타일)을 모른다.

중요한 것은 최종적으로 충성고객이 되도록 고객을 육성하는 것이다. 모든 소비자를 이 단계까지 끌어올려야 비로소 베스트셀러 상품(작품)이 되

고 기업이 성공할 수 있다. 한 번 충성고객의 단계에 들어서면 고객은 상품에 대해 부정적인 정보가 있더라도 그것을 마음속에서 지워버린다. 고객의 심리를 이용한 육성법은 고객 피라미드 구조이고 그로 말미암아 고객은 심리적 영향을 많이 받는다는 사실을 알 수 있다. 체험에 근거해 작품이 고객에게 감동을 주지 못하면 상위 단계로 올라가기 어렵다. 그런 의미에서 보면 고객을 만족하게 하는 것이 고객을 오랫동안 유지하는 방법이다.

02 효율적 고객관리와 질적 향상

1) 미용기업 고객관리 서비스 개념

현대사회는 경제성장 및 기술 발전의 다양하고 복잡한 구조를 가진 사회 구성원들의 소비활동 면에서 물리적 측면보다는 편익을 중시하는 경향이 있다. 서비스란 고객에게 심적으로 만족을 느끼게 하는 무형의 활동이라 말할 수 있다. 미용기업 서비스는 직접 고객을 대상으로 영업을 담당하는 미용업장에서 이뤄지는 종합적인 서비스, 즉 미용기업은 3차 서비스 산업에 속한다. 서비스 산업은 국가 경제에서 절대적으로 중요한 부분을 차지하고 있으며 모든 서비스는 무상인 것처럼 보이지만 내부적으로 가격 일부에 포함되며 적정한 대가에 의해 제공되고 있다는 것이라 할 수 있다. 그러나 서비스시대가 빠르게 변하면서 경쟁업체가 많아지고 서비스의 품질과 가격이 평준화되어 가면서 이에 따라 가격과 핵심서비스만으로 차별화를 이룰 수 없으며. 적절한 부가서비스의 옵션이 경쟁의 차별화를 가능하게 해 줄 수 있다. 구체화한 양질의 서비스가 제대로 제공되지 않았을 때, 관리자는 서비스에 초점을 맞추어 질적으로 제공할 수 있는 전략을 개발함으로써 미용기업의 고객만족을 시킬 수 있다. 제품에 서비스가 부가되면 될수록 제품 자체의 가치가 동반하여 상승할 정도로 서비스의 효용가치가 높아진 시대를 맞이한 것이다. 미용기업들은 사회적, 경제적 여건의 변화 속에서 서비스가 미용기업의 필수적인 존재임을 확인하고, 서비스 부문에 관심과 투자를 집중시켜야 한다. 고객의 소비성향분석에 바탕을 둔 서비스 개념을 확립하고, 서비스의 가치를 충분히 활용하여 구체적인 서비스 마케팅 전략을 수립하는 변화하는 시장에 적절하게 대응하는 기업만이 경쟁에서 승리할 것이다. 이뿐만 아니라 국제화 시대인 오늘날 서비스의 중요성은 더욱 커지고 있다. 통신, 운송 분야의 급속한 변화발전 덕분에 세계 각국이 국가경계를 넘어 경제적, 문화적 교류를 확대하고 있으며, 국경 없는 무한경쟁시대를 맞이하여 자국의 이익을 최대한 확보하기 위한 전략을 세우고 있다. 나날이 비중이 커지는 서비스 부문의 국가 간 협조와 경쟁도 심화하여 국가 간의 서비스 편차도 갈수록 줄어들 것이다.

2) 미용기업의 서비스 환경

(1) 미용기업 환경변화와 서비스한계

과학 발전이 일구어 낸 놀라운 기술들이 실생활에 적용됨으로써 우리가 전에는 상상조차 하지 못했던 삶의 편의를 맛보고 있다. 시공의 제약을 어느 정도 벗어난 현대사회에서 능동적인 삶을 영위하려면 이러한 변화에 신속히 적응하여 새로운 기술의 장점을 제대로 이해하고 활용할 수 있어야 한다. 눈앞에서 고객의 불만스런 반응을 느낄 수 있는 민감한 미용 업이기에 모든 부분을 세심하게 고려해서 고객의 만족을 최대화하는데 미용서비스가 차지하는 비중은 매우 높다. 즉 고객의 기대치가 잘 이루어지게 이해하고 서비스가 기대에 부응하도록 계획하여 구체화할 때 질적인 서비스가 되며, 미래를 대표하는 문화적 콘텐츠와 함께 진보해 나갈 것이다. 고객을 만족하게 하고 고객과의 관계를 개선하는 데는 서비스 관리의 역할이 중요하다. 접점에 있는 서비스 제공자들은 자신이 소속해 있는 조직의 성공에 매우 중요하다는 것을 알아야 한다. 더불어 고객의 욕구를 이해하고 고객이 요구하는 것을 숙지하는 것이 중요하다. 서비스의 특징 중 하나는 눈에 보이지 않는다는 것이므로 유형의 제품은 사람의 감각기관을 이용하여 그 가치를 판단하고 만족수준을 표시할 수 있지만, 서비스는 감동과 만족을 심리적 상태에 더 음미할 수 있다. 서비스 기업은 자신이 제공하는 서비스 상품의 고품격 품질을 제공함으로써, 고객들이 간접적으로나마 서비스 품질에 대한 흥미를 느낄 수 있도록 해야 한다. 서비스 품질은 상황에 따라서 매우 다양하게 나타난다. 무형 서비스의 이질성은 서비스 표준화를 어렵게 만든다. 또한, 서비스 생산 현장에 고객들이 직접 참여하고 있기 때문에 서비스 품질에 대한 통제는 더욱 어려워진다.

미용서비스 제공과 고객만족은 제공자의 행위에 달렸지만, 한결같은 서비스를 제공하는 제공자에게도 체력적인 한계는 있다고 볼 수 있다. 대량생산 체제를 구축한 사회에서, 그것도 빛의 속도로 진보를 거듭하는 사회에서 구성원들이 받는 변화의 영향은 엄청나다. 자동화, 기계화, 전산화의 여파로 '고용 없는 성장'이란 신조어가 생겨날 정도로 예상치 못한 환경 변화에 노출된 상황에서 사회 구성원들의 활동영역은 점차 부정적인 영향을 덜 받는 즉 사람이 주체가 되는 부문으로 옮겨갈 수밖에 없다. 따라서 앞으로 예상되는 경제핵심 기반은 서비스 부문을 주축으로 조성될 것이고, 서비스 품질이 개인이나 기업이 부와 성공을 얻는 데 필요한 가장 중요한 요인으로 떠오를 것이다. 물론 서비스의 주체는 사람이고, 기술과 서비스 정신으로 무장한 사람들만이 생존경쟁에서 살아남을 것이다.

3) 미용기업 고객관리 상담

(1) 상담(Counseling)의 개념

상담이란 상담자와 내담자 또는 다수의 내담자와 상호작용이다. 상담은 어떤 활동인가? 목적이나 의도 같은 것 다 제외하고 어떠한 유형적인 기술이나 도구를 사용하지 말고, 오로지 사람 간의 대화로만 이루어지는 것이 상담이다. 이러한 상담을 이해하고 활용하는 능력을 습득하려면 먼저 인간에 대한 이해가 요구된 뒤에야 상담의 전문적인 기술을 습득해야 하는 것이 우선순위다. 상담의 주 활동 형태는 사람 간의 상호작용이라는데 주목할 필요가 있다. 상담의 중요성은 그 과정이 순수하게 사람 간의 상호작용에서만 결과를 만들어 내는 것이고, 내담자의 변화가 이루어줘야 한다는 것이 그 목적성이다. 상담은 첫째, 인간관계를 바탕으로 하는 활동이기 때문에 행위 자체로서 중요성을 인지해야 한다. 만약 이러한 상담이 행위자들 간에 피상적이고 비인간적인 만남으로 나간다거나, 또한 이런 결과로 양자 간에 손해를 입게 된다면 그것은 시작부터 잘못된 것이 된다. 현 사회에서 존재하는 수많은 인간관계 중 목적 또는 비목적적이든 그 행위자들 간의 상호작용이 부정적인 느낌을 가져오는 관계는 지속할 수가 절대로 없다. 상담 역시 행위의 목적을 떠나 단순히 상담자와 내담자 간의 피상적인 만남이 되면 오히려 좋지 않은 결과를 가져오게 되며 그 관계는 지속할 수가 없게 된다는 것이다. 상담이 당초에 목적한 바를 이루지 못했다 하더라도 행위자 간의 관계가 긍정적인 방향으로 진행되어 간다면 그것은 상담의 역할을 어느 정도 해냈다고 볼 수 있다. 바른 상담이란 목적을 확실히 달성한 후에야 그렇게 말할 수 있지만, 상담이 언제나 목적을 완전하게 달성하는 것은 아니다. 다만, 이런 과정을 통해 상담자와 내담자 간의 상호작용 과정을 중요하게 생각하고 또한 내담자의 변화하려는 노력이 더욱 중요한 것이다.

① 상담의 정의

상담은 고객들과 얼굴을 마주 보며 어느 곳에서나 행해지는 방법이라 말할 수 있다. 모든 인간은 얼굴을 마주 보며 나누는 대화 중에 얼마간의 인격형성이 일어나고 있으며 상담의 성과를 기대할 수도 있다. 결국, 상담은 상호 간에 심리적으로 협조하여 개인의 인격변화를 가져오는 사람과 사람 사이의 상호이해로 정의할 수 있다. 고객이 진정으로 원하는 것이 무엇인지를 탐구하고 알아내는 이러한 상담은 여러 장점이 있는데, 고객의 심리를 파악하여 정신적으로 안정을 주며 상담받는 동안 자신이 현실을 정확하게 직시하고 자신을 헤아려 보며, 긍정적이고 자유로운 활동을 가능하게 하는 등의 고객에게 정신적으로 깊은 이해를 돕는 역할을 한다. 상담을 통해 필요한 지식과 판단력, 생활의 지침과 활력소를 얻기도 하고 물리적인 이익을 얻을 수도 있다. 상담의 목적과 성격이 상호협조를 통한 발전적인 결과에 있으므로, 고객에게 신뢰감을 줄 수 있는 태도와 행동이 상담자의 바람직한 상이다. 해당 분야의 전문가로서 상담에 필요한 식견과 기술을 갖춰야 할 뿐 아니라 성실하고 진지한 태도로 고객을 대해야 한다. 고객의 방문목적과 동기, 성격 등 상담에 필요한 정보를 정확하고 신속하게 확보하기 위해 적절한 질문, 응답 패턴을 개발하여 활용하는 게 좋다. 물론 고객의 현재 상태에 대한 이해와 배려, 인간적인 유대관계를 바탕으로 삼아야 하고 고객이 궁금해하는 항목은 구체적인 설명으로 납득, 이해시켜야 한다. 상담은 내방자와 상담자가 심리적으로 협조하여 내방자 개인의 변화를 가져오는 행위로 정의할 수 있으며, 내방자 개인의 성장과 변화에 도움이 되는 것을 목표로 한다.

(2) 미용고객 상담의 기법

상담자가 밝고 긍정적인 태도로 시작한 대화 내용은 우선으로 분위기를 조성하는 단계이기도 하다. 미용기업에서 고객들과 구체적인 상담과정은 대화와 질문, 응답으로 이어진다. 고객이 마음을 열고 자신의 의사를 진솔하게 표현할 수 있도록 대화를 조성한다면, 고객도 호감과 신뢰감으로 반응하게 된다. 고객은 상담자가 자신을 고객으로 대하는 자세가 진실 된 호감과 자신의 문제를 해결해 줄 수 있는 전문성과 신뢰감이 있는지를 대화에서 확인하게 된다. 질문에서는 고객이 당면한 문제점이나 원하는 바를 정확하게 파악하기 위해 질문하는 단계이다. 일반적으로 고객은 문제의 원인을 잘 알지 못하거나 안다 해도 제대로 표현하지 못하고, 표현하더라도 단순한 결과나 피상적인 현상만을 이야기하기 쉽다. 또한, 고객은 상담자가 고객으로서 문제점이나 욕구를 파악하고 해결방안을 제시해주기 바란다. 따라서 상담자는 적절한 질문을 통해 고객이 문제점이나 욕구를 드러내게 해야 한다. 고객이 스스로 자신의 상황을 표현하도록 유도하는 포괄적 질문과 예, 아니요 등의 가부결정을 유도하는 선택형, 질문을 적절히 섞어 곤란한 상황을 피하면서 구체적인 내용을 확보해야 한다. 또한, 고객이 궁금해하는 사항에 대해서 자세히 설명하는 응답형으로, 고객은 상담자가 자신의 요구를 제대로 파악했는지 상담자가 제공하는 정보가 요구 사항과 얼마나 관련이 있는지, 그 정보를 믿을 수 있는지, 판단되는 선택의 순간에 해당한다. 상담자의 전문용어 사용은 전문가라는 인상을 전하는 강력한 수단이지만, 한편으로는 고객이 알아들을 수 없는 전문용어, 약어, 외국어의 무분별하게 남용을 한다면, 자신을 무시한다는 느낌이 들 수 있으므로 꼭 필요한 경우에만 사용해야 하며, 사용을 한다 하더라도 반드시 적절한 설명을 해야 한다. 또한, 상담자는 고객이 달가워하지 않을 내용이라도 반드시 필요하다고 판단하면 정확한 내용을 우회적으로라도 전달해야 한다. 만약 불편하다고 회피하는 경우 상황이 지나고 더 큰 어려움에 겪을 수도 있다.

(3) 상담기법과 관리

① 고객에게 정보를 정확하게 제시하고 선택하게 한다.
② 고객이 선호하는 스타일을 정확히 확인한다.
③ 고객의 비호감 스타일을 먼저 파악한다.
④ 고객의 라이프스타일을 침착하게 고려한다.
⑤ 고객의 이미지에 맞는 스타일을 인지해서 추천한다.
⑥ 고객에게 시술에 따른 위험성과 주의사항을 자세히 밝혀야 한다.
⑦ 질환 및 문제점이 드러나면 적절한 조치에 대해 정중히 알려야 한다.
⑧ 고객의 결점을 직설적 화법을 쓰지 말고 우회적으로 느낄 수 있게 표현한다.
⑨ 좋은 결과가 불가능해서 나올 수 없을 때, 이유를 설명하고 대안을 제시한다.
⑩ 고객의 관리방법을 잘못 이해했으면 솔직한 표현으로 지혜롭게 설명한다.
⑪ 상담은 전문영역에 속하는 것이므로 연구하고 노력하여 전문성을 갖춰야 한다.

4) 미용 시술을 위한 상담자의 자세

(1) 시술 전 상담 작성

미용기업 내의 상담은 시술자가 더 나은 기술과 서비스를 제공하기 위해

방문고객의 상황을 파악하고 탐색하는 시술과정의 한 단계이자 서비스의 일종이라 할 수 있다. 대부분 고객은 시술 전 충분한 상담을 통해 자신에게 어울리는 헤어스타일을 제시받고자 한다. 그러므로 고객의 분위기에 맞는 헤어스타일을 권하여, 고객의 신뢰감을 얻도록 친절하게 상담을 진행하도록 노력해야 한다. 시술하기 전 상담을 시작하려면 먼저 고객 카드를 접해 고객 신상과 고객의 분위기와 스타일을 파악하고, 고객이 원하는 헤어스타일에 대한 상담을 시작하여야 한다.

- 두피에 대한 여려가지 질문과 진단을 해야 한다.(건성, 중성, 지성, 탈모)
- 모질에 대해 철저한 진단이 필요하다.(직모, 파상모, 축모)
- 고객의 선호와 비호감에 대한 헤어스타일의 상담이 중요하다.
- 고객의 라이프스타일을 침착하게 고려해본 다음 믿음을 주는 상담이 필요하다.

시술자는 시술하기 전에 고객이 무엇을 원하는지를 파악하고, 고객이 알고자 하는 것에 대해 자세히 설명해주고, 고객이 원하는 서비스가 불가능하면 그 이유를 납득시켜야 한다. 이러한 과정을 거쳐 실행 가능한 서비스를 제안하고, 시술결과가 만족스럽지 못하면 대처방안을 찾아야 한다. 올바르고 정확한 상담이 선행되지 않을 경우, 고객이 충분한 만족을 얻지 못할 가능성이 크다. 따라서 미용기업 직원들은 상담의 중요성을 인식하고 상담기법을 제대로 익혀야 한다. 상담을 통해 얻은 고객에 대한 정보를 활용해 고객관리를 할 수 있고, 상담 중에 고객의 구전을 통해 드러나는 미용업의 장점을 살리고 단점을 개선 보완하여, 더 나은 입지를 확보할 수 있다. 상담에 사용하는 고객카드는 미용업의 귀중한 자산이므로 보기 쉽고 알기 쉽게 기록하여 보관하여야 한다. 미용 상담은 시술 전후 관계를 기준으로 했을 때, 사전상담과 시술 중 상담, 사후상담으로 분류할 수 있다. 사전상담은 방문고객과 시술 전에 하는 상담이다. 소요시간, 비용, 자신에게 적합한 시술이 어떤 것인지 등등의 고객의 의문점이나 궁금한 점에 대해 정확한 지식과 정보를 제공하여 신뢰를 키우고 고객의 불안감을 없애는 역할을 한다. 사전상담은 시술 후에 발생할지 모르는 문제점을 최소화하려면 꼭 필요한 절차이다. 시술 중 상담은 고객이 선택한 시술에 대해 미리 알 수 없고, 원하는 스타일에 대해서도 확신할 수 없다는 점 때문에 확인 및 수정을 위해 필요한 과정이다. 시술 중에도 상담을 통해 고객이 원하는 바를 좀 더 구체화해야 하고, 고객에게 더 어울리는 스타일을 제시하여야 한다. 사후상담은 귀가 후에 쉽게 관리하는 방법을 알려준다거나 다음 방문시기를 정해주는 등, 시술상태에 대한 점검 및 사후관리 차원의 상담이다.

미용업에서 일반적으로 상담이 끝난 다음, 고객이 시술을 받기로 하면 고객카드를 작성한다. 고객카드를 작성하는 이유는 고객과 관련된 시술 및 서비스 내용에 대한 정확성을 인지시키고자 하는 목적과 고객의 개인적인 특성 때문에 발생할지 모르는 부작용 방지 및 트러블 가능성 있는 제품의 사용방지에 있다. 물론 고객의 재방문 시 상담 자료로 활용하거나 사후 관리, 광고물 발송에 이용할 수도 있다. 시술결과에 만족한 고객이 원하는 경우 같은 방법을 적용하려는 방법으로도 볼 수 있다. 고객카드를 작성할 때에는 성명, 나이, 주소, 전화번호 등의 인적사항을 비롯해 얼굴 형태, 모발과 피부타입 상태 및 색상, 이전에 발생했던 알레르기 반응 및 테스트 결과를 기록하고, 시술을 마친 다음에는 시술 시 사용한 제품 및 시술내용, 특기사항을 반드시 기록하여야 한다.

(2) 고객의 행동성향

고객을 관리하기 위한 상담에서 꼼꼼히 살펴보면 각자의 개성 있는 이미지를 분류할 수 있다. 어떠한 성격의 사람에게서 성공의 열매를 빨리 얻을 수 있을지 신중형, 안정형, 사교형, 주도형의 4가지 행동성향으로 확인해 볼 수 있다.

① 신중형

좌뇌의 발달을 한 사람으로, 꼼꼼하고 수리에 밝으며 논리적이고 세부적인 상황에 주의를 기울이고 분석적이며, 일에 관심과 노력을 집중하여 체계적이고 책임감 있게 실천하는 성향을 말하며, 정확성과 양질을 요구하는 것에 의해 동기부여가 된다.

② 안정형

안정되고 조화로운 업무환경을 좋아하며, 참을성 있고 흥분한 사람을 잘 돕는다. 과업을 수행하기 위해 다른 사람과 협력하고, 예측 가능하고 일관성 있게 일을 수행하며, 전문적인 일을 개발한다. 현재의 상태를 안전하게 유지하는 것에 동기부여가 된다.

③ 사교형

우뇌가 발달한 사람이며, 예술적인 감각과 낙관적이면서 변화를 좋아하는 즉흥적인 편에 속하고, 개인이 갖는 관심의 범위와 관련된 것으로, 개방적인 사람은 새로운 것이나 혁신적인 경험을 즐기며, 상상력이 풍부하고 외적 자극에 민감하고, 다른 사람들과 더불어 잘 지낼 줄 아는 성향이며, 사람들의 인정에 의해 동기부여가 된다.

④ 주도형

목표 지향적 자아가 강하며, 말이 많고 자기표현을 잘하고 사람 사귀기에 능숙한 유형으로, 항상 자신에 대한 확신으로 가득 차 있으며 여러 사람과 다양한 관계를 발전시키고, 결과를 성취하기 위해 스스로 장애를 극복하기 함으로써 환경을 조성한다. 다른 사람의 의견과 감정들을 별로 고려하지 않으며 도전에 의해 동기부여가 된다.

03 미용기업 고객의 접객예절과 언행

1) 단정한 외모와 서비스

(1) 청결한 복장과 헤어스타일

신뢰감을 줄 수 있는 깨끗한 외모와 단정한 자세는 필수적이다. 고객이 미용서비스 현장에 들어서서 제일 먼저 만나는 미용인의 외모는 그 영업장 이미지를 좌우시킨다. 미용인 표정, 헤어스타일, 복장과 태도 등에 따라 그 영업장의 서비스수준과 경영수준이 결정되기 때문에 최상의 서비스를 지향하는 미용서비스업에서 직원의 용모와 복장은 단정하고 청결하여야 한다. 고객은 미용인을 믿고 자신을 맡기는 것임을 잊지 말고 고객의 심리적 안정감을 최대한 누릴 수 있도록 자신을 끊임없이 가꾸며, 고객과 함께하는 동안 자신도 아름답게 변화되어가고 있다는 동화감을 느끼면서 마음에서 우러나오는 감사와 기쁨을 가질 수 있도록 스스로 몸가짐과 옷매무새를 늘 단정하고 청결히 한다.

2) 미용고객 안내자의 밝은 표정

(1) 친절하고 공손한 자세

고객을 향하여 존중하는 자세로 자기 자신보다 고객을 우선 생각하여 자신보다 다른 사람을 높이고 배려하는 것이다. 헤어 및 피부 메이크업에 관련한 모든 미용서비스 현장을 찾는 고객의 입장은 서비스를 어떻게 해주느냐에 초점이 모인다. 미용서비스 현장의 낯설거나 이질적인 공간으로 느껴지지 않도록 항상 청결한 환경과 잘 정돈된 모습을 유지하며, 상냥하고 예의 바른 안내와 매끄러운 접객태도를 유지해야 한다. 이러한 환경적인 부분과 미용인의 자세는 고객의 마음을 편안하게 해주는 것은 물론, 그 서비스 현장에 대한 신뢰감을 높이는 계기로 작용한다. 항상 직장 내에서 고객을 맞이할 때에는 바른 준비 자세와 마음가짐으로 자율적이면서도 긴장을 늦추지 않는 밝은 미소로 응대해야 하며, 고객과의 대화 도중에는 공손하며 밝고 부드러운 표정으로 고객이 원하는 서비스나 바라는 것을 정확하고 신속하게 파악해야 한다. 분명하고 받아들이기 쉬운 언어를 구사하며, 요약정리하고 확인하여 시술순서를 기다릴 시에는 응접실이나 편안한 공간으로 안내하여 고객이 신뢰감을 갖고 기다릴 수 있도록 안정적인 배려를 잊지 말아야 한다.

(2) 미용고객 접객언어

정감 없는 언어	다정한 언어
상담 중인데 조금 기다려 주세요.	상담이 곧 끝나시는데요, 잠시만 자리에 앉아 기다려 주시기 바랍니다.
지금 안 계신 데 곧 연락하라고 하겠습니다.	죄송합니다. 잠시 자리를 비웠습니다. 곧 찾아서 연락드리도록 하겠습니다.
제 담당이 아닌데요.	제가 담당하는 파트가 아니라 잘 모르겠습니다. 죄송하지만 실장님께 말씀해 보시겠어요.

고객이 두 분 더 계셔서 30분 더 기다려야 하는데 괜찮겠습니까?	손님이 두 분 더 계셔서 약 30분 정도 걸릴 것 같습니다만, 최대한 빨리 디자인하겠습니다. 잠시만 기다려 주시겠습니까?
손님은 피부는 좋으신데 잡티가 좀 있으시네요.	손님께서 얼굴에 잡티가 좀 있는 편이시지만, 남들이 부러워할 정도로 좋은 피부를 가지셨네요.
빨간 립스틱이 손님에게는 어울리지 않네요.	빨간색을 좋아하시나 봐요, 그러나 손님 얼굴색에는 오렌지색도 잘 어울리실 것 같습니다.

3) 전화예절 및 언어사용

(1) 전화받고, 거는 방법

전화를 받는 쪽이 먼저 말을 해야 하는지? 거는 쪽이 먼저 말을 해야 하는지? 하는 문제는 나라마다 다르다. 우리나라에서는 주로 전화를 받는 사람이 먼저 말을 시작한다.

대화는 얼굴을 마주 보며 나누는 대화보다 전화로 통화하는 대화가 더욱 더 중요하다. 목소리를 통해 구사하는 단편적인 감각의 전달이기 때문에 신중함이 필요하다. 전화를 받고 걸 때의 올바른 대화법은 부드럽게, 정확하게, 간결하게 세 가지 덕목이 필요하다. 상대방의 얼굴이 보이지 않기 때문에 더더욱 그 통화 시의 예절은 정성과 예의가 담겨 있어야 한다. 전화통화를 하는 그 순간은 개인이라기보다는 나의 직장을 대표하는 견해에서서 정확한 발음과 부드럽고 차분한 목소리로 통화해야 한다. 메모지는 항상 전화기 옆에 필기구와 함께 준비하여 놓아야 하며 전화 도중 상대를 기다리게 하거나 허둥대는 일이 없도록 명확하게 상대방 대화의 내용을 숙지해야 한다. 직장이나 집 전화가 잘못 걸렸을 때는 전화기를 놓지 말고 “죄송합니다. 전화가 잘못 걸렸습니다.”라고 예의를 갖춰 정중히 말하는 것이 바람직하다. 대화를 마치고 전화를 끊을 때는 "안녕히 계십시오." "이만 끊겠습니다." 하고 인사를 하고 끊는 것을 생활화하도록 해야 한다. 또한, 고객이거나 상사의 전화일 경우에는 통화가 끊어진 것을 확인하고 난 뒤 수화기를 내려놓아야 하며, 동료와의 통화 시에는 전화를 건 사람이 먼저 전화를 끊도록 한다.

(2) 고객에 대한 전화 응대 표현

전화 응대 표현 방법

전화 응대 내용	전화 응대 표현
상대방을 재확인할 때	실례지만, 존함을 다시 한 번 말씀해 주시면 감사하겠습니다.
찾는 사람이 부재중일 때	언제쯤 오실까요? 전 ○○인 데요. 그 시간에 다시 전화 드리겠습니다.
상대가 찾는 사람이 전화를 받지 못할 상황	지금 통화 중입니다. 통화가 끝나면, 연락을 드리도록 하겠습니다. 실례지만, 누구 시라고 전해 드릴까요?
전화를 오래 기다리게 할 때	대단히 죄송합니다. 통화가 많이 길어지는데요, 연락처를 주시면 통화가 끝나는 대로 연락드리도록 하겠습니다.
연락을 부탁받을 때	말씀하시지요, ○○씨에게 잘 전해 드리겠습니다.

Chapter 09

고객관리 프로그램의 효과

01 미용기업 고객관리의 전략계획
02 미용기업 고객유형과 특성
03 미용고객의 컴플레인과 클레임

직원들의 선택과 헌신을 바탕으로 하는 기업을 만들기 위한 4가지 요소

① 각 직원의 자율권에 대한 보장과 지지
② 조직적 인식의 창안
③ 조직의 다양성 창출
④ 공동 운명체 의식조성

요소를 적절히 배합하면 신속성, 유연성, 헌신 등에 변화가 생기고 결국 이런 기업이 된다.

- 유능한 직원들이 역량을 발휘한다.
- 고객은 물론 직원들이 존중된다.
- 업무 내용을 융통성 있게 계획하여 선택권이 직원들에게 주어진다.
- 공통된 대의와 목적이 있다.

Chapter 09 고객관리 프로그램의 효과

01 미용기업 고객관리의 전략계획

1) 미용기업 고객관리의 중요성

(1) 고객은 사소한 것에 감동

고객만족은 결코 모든 상황이 풍족하게 이루어진다 해도 내가 변하지 않으면 이루어지기 어렵다. 아무것도 갖추어지지 않아도 상대를 기쁘게 해 줄 수 있다는 자신감부터 가지며 고객 개개인의 이름이나 특징 또는 취향을 기억해준다는 것, 고객을 행복하게 만들고 싶다면 사소한 일까지 기억해두었다가 관심을 보여라. 우리는 내가 먼저 친절하기보다 타인이 먼저 친절해주기를 바라는 마음이 더 크다. 고객은 언제 어디서나 즐겁고 기분 좋은 고객응대가 기대한 만큼 돌아오지 않을 때 불평불만이 민감하게 반응된다. 친절은 세상에서 가장 아름다운 얼굴이며, 서비스는 감정노동이다. 따라서 업무에서 친절하게 미소 짓는 것, 고객의 편의를 위해 최선을 다하는 것은 중요한 업무이다. 고객만족은 고객을 위하는 다정다감한 마음만으로도 감동케 할 수 있다.

고객 이름을 기억하는 방법

처음 고객의 이름을 듣는 순간 마음속으로 여러 번 회상한다. 훗날 이 사람의 이름을 기억하지 못하면 난처한 일이 일어날 것으로 믿는다.

- 고객의 이름이나 직함을 부를 때 밝은 미소를 띠며 얼굴을 바라보고 상대의 특징된 인상을 머릿속에 담아둔다.
- 고객과 응대를 하면서도 정확한 발음으로 이름을 다정하게 부르며 헤어질 때도 이름을 부르며 작별을 고한다.
- 잠들기 전에 그날 만났던 사람들의 이름과 복장, 이야기 내용, 장소 등을 자세히 기록한다.

(2) 고객만족은 눈 맞춤의 센스가 필요

우리는 눈을 뜨고 하루 생활을 시작하지만 깊은 눈 맞춤이 없이 상대를 대하다 하루일과를 마감할 때가 잦다. 상대의 얼굴을 슬쩍 바라보는 것보다 상냥한 미소를 띠며 눈을 깊숙이 바라보는 것은 상대를 깊은 관심을 두고 응대하고 싶다는 뜻으로 생각하면 된다. 눈 맞춤은 그냥 쳐다보는 것이 아니라 고객과 눈을 마주치고 느낌을 주고받아야 한다. 그 사소한 눈길에서 고객에게는 친절함이 전달되고 상사에게는 근무의욕이 전달된다. 나 자신이 다른 사업장을 방문했을 때 직원들이 제 일에 바빠 아무도 눈을 마주치지 않아 곤혹스러웠던 경험이 있을 것이고, 혹은 직장에서 역시 동료가 종일 외면하고 있어서 불안했던 경험도 있을 것이다.

우리는 누군가를 무시할 때 또한 자신감이 없을 때 눈을 마주치지 못하고 외면한다. 자신이 누군가한테 외면을 당했다 생각해보자 만족하고 기뻐할 수 있을까? “eye contact”은 고객만족 테크닉의 기본이다. 밝은 미소와 눈 맞춤은 고객만족의 관심을 표현하며 고객욕구를 알아낼 기회도 된다. 자신의 영업장에서 고객을 맞이할 때 감사하는 마음과 도와드리겠다는 자세로 바라보며 고객응대를 시작한다.

2) 미용고객의 정보관리 확보

정보관리란, 고객들에게 만족을 주기 위한 교제활동을 의미하는 것으로, 고객관리의 중요성이 강조되고 있으며, 좋은 기술이나 친절 정도로는 고객들을 만족하게 하기에는 역부족이다. 모든 사업은 투자가 없는 이익은 없다. 고객관리 역시 효율적인 투자이다. 평균적으로 신규고객을 유치하는 데 드는 비용과 기존고객을 통해 2차 구매를 발생시키는 비용을 비교하면 약 3배 정도의 차이가 난다. 그러나 투자라고 하는 것은 잘하면 이익이 훌륭히 날 수도 있지만 잘못된 투자는 오히려 손실을 줄 수도 있다. 잘못된 고객관리는 오히려 자신의 일을 망치는 길이 될 수도 있다는 사실을 명심해야 한다. 외국브랜드 프랜차이즈 개점으로 우리 미용기업의 위상에 위협을 느끼며, 강력한 경쟁력을 가지려고 신규고객들에게 폭넓은 미용기술과 만족할 만한 독창적인 서비스를 구상해 고객만족을 위해 최고의 분위기를 연출해야 한다. 우리 미용기업을 세 번 이상 찾아준 고객은 기존고객이라 하고, 한번 찾아준 고객을 잠재고객(미래고객)이라 한다. 그동안 외부에서 찾아준 고객들에게만 중점을 맞추어 고객관리를 국한해왔다. 그러나 이제는 미용기업의 직원들도 내부고객으로 받아들여야 한다. 요즈음 미용과를 졸업하고 신입직원으로 취업을 해보지만, 타성에 젖은 경영자들의 고정관념의 틀 속에서 미용학원을 졸업한 수준의 인정을 받지 못해 힘들어한다거나, 일부는 현장을 뛰어나와 꿈을 접고 전공과는 무관한 길을 걷는 세대가 생기는 현실이다. 내부고객이 주인의식을 느끼며 비전을 가졌을 때, 외부고객들이 만족을 가질 수 있는 최고의 친절한 서비스를 제공할 준비를 하고 작업에 매진할 수 있다.

(1) 미용기업 고객관리 실제

고객관리는 확실한 증거를 통해서만 완성되며 실제적인 행동으로 보여주어야 고객관리가 된다. 고객 앞에서 '고객관리카드' 작성한다든가, 컴퓨터에 세부내용을 입력하는 등의 모습으로도 나를 관리하고 있다는 인식을 하게 할 수 있다. 고객이 뜻하지 않았을 때가 가장 중요한 때이다. 어떠한 자극을 통해 협력고객으로 만들려고 수많은 방법이 사용된다. 고객만족을 시켰다는 대표적인 예의 대부분은 바로 고객이 예기치 못한 곳에서 고객을 위한 퍼포먼스를 구사했다는 것이다. 고객이 예기치 못한 곳을 찾아내는 것은 고객관리를 보다 효율적이고 폭발적으로 할 수 있는 길이라고 볼 수 있다. 뭔가 고객에게 줬다면 그에 대한 대가를 반드시 요구하라. 고객이 2차 구매 이상이 되었거나 1차 구매 후에라도 기회만 된다면 고객에게 책임을 줘야 한다. 소개하도록 부탁한다. 고객에게 부담을 줄지도 모르나 그러나, 고객이 큰 불만만 없다면 고객은 당신의 열정으로 받아들이고 기억할 것이다. 고객에게 책임을 주라는 말은 고객에게 큰 부담을 느끼게 하라는 말은 아니고, 고객에게 나를 위해 당신이 할 수 있는 일이 있으며 그때 더욱 고객의 입지를 높여 줄 것이라는 믿음을 주라는 것이다.

우리에게 고객은 누구인가?

1. 고객은 우리에게 누구보다도 가장 중요한 사람이다.
2. 우리의 운명은 고객의 손에 달려 있다.
3. 고객은 우리가 여기서 일하는 목적이다.
4. 고객은 우리에게 월급을 주는 고마운 사람들이다.
5. 고객은 우리 사업의 목적이지 훼방꾼은 아니다.
6. 고객은 우리의 예절과 대접을 최고 수준으로 받을 권리가 있다.

우리에게 고객은 누구인가?

7. 고객은 우리에게 자기가 원하는 것을 요구하는 사람이다.
8. 고객은 논쟁의 대상이 아닌 호의를 베풀어야 할 대상이다.
9. 고객은 우리 사업의 일부이지 국외자가 아니다.
10. 고객은 우리에게 요구를 말하고, 그 요구를 채우는 것이 우리의 할 일이다.
11. 고객은 다툼의 대상이 아니며 고객을 이길 수 있는 사람은 아무도 없다.
12. 고객은 우리가 의지하는 것이지, 고객이 우리를 의지하는 것이 아니다.

(2) 고객 관리 방안

외부고객에는 고정고객, 신규고객, 휴면고객, 잠재고객, 떠돌이고객 등 다양한 종류의 고객들이 포함되지만, 모든 외부고객을 고객관리의 대상으로 삼을 수는 없다. 목표 고객층을 정하지 않고 모든 외부고객을 관리하겠다고 나서는 것은, 고객관리를 제대로 이해하지 못하고 하는 말이다. 우선 외부고객의 종류를 분류하고 성격을 파악한 다음 관리할 고객의 범주를 정하고 이들을 어떻게 관리할 것인지 계획을 세워야 한다.

- 고객을 효과적으로 맞이할 수 있는 환경을 만든다.
- 고객의 취향을 고려해 적절한 광고와 홍보를 활용한다.
- 고객을 확보하기 위한 다각적인 노력의 힘을 기울인다.
- 세분화된 시장과 고객의 성격, 취향을 분석한다.
- 선택한 시장의 특성에 따라 최적의 환경을 만든다.
- 이벤트를 기획하여 잠재고객층을 흡수한다.
- 가능하게 가격 메리트를 부여하여 고객의 선택욕구를 자극한다.

- 업무시간, 휴무 등 고객이 요구하는 정보를 제공한다.
- 진열장, 대기실, 관리실 등 시설의 적절한 배치로 편리성과 효율성을 증대시킨다.
- 분위기에 어울리는 장식, 홍보자료 배치, 실내이벤트 등 시각적 효과도 고려한다.
- 재방문 고객의 서비스 만족도를 점검한다.
- 전에 받은 서비스에 대한 고객의 느낌이나 지적사항을 확인한다.
- 개선할 내용이나 특별히 원하는 바가 확인되면 즉시 시술과 서비스에 반영한다.
- 불만사항과 불평행동을 자세히 기록하고 원인을 파악하여 재발하지 않도록 관리한다.
- 상담은 고객이 진정으로 원하는 바를 파악하는 고객관리의 핵심이다.
- 미용 및 패션 관련 잡지, 컬러차트, 등 상담에 필요한 자료와 도구를 비치한다.
- 고객의 불가능한 서비스를 요구할 때 구체적으로 이유를 설명하고 대안을 제시한다.
- 이익을 더 바라고 고객이 필요로 하지 않는 서비스를 권유하면 안 된다.
- 고객이 이해할 수 있도록 자세하게 설명하고 가능한 한 쉬운 말을 사용한다.

고정고객 유치 대안

구 분	내 용 사 례
고정고객 기반	1. 고정고객의 활성화를 위해 이벤트행사 방안 연구. 2. 미용기업 경영자와 직원 고정고객유치의 필요성 연구. 3. 고정고객에 대한 전략 및 활성화 방법연구. 4. 미용기업의 신기술혁신과 서비스 및 매장 이미지 전파.

고객 조직화의 관계개선	1. 고객을 위한 새로운 정보제공 및 고객과의 밀착 마케팅 방법연구 2. 네트워크 활용방법으로 예상 고정고객 방문 빈도 높이기 방법연구 3. 미용기업만의 차별화된 고객서비스 제공. 커뮤니케이션 활성화 연구 4. 잠재고객의 사후관리, 해피콜 고객마음 개선 방한 연구.
고객과의 유대관계	1. 고정고객과의 양질의 서비스 및 유대관계 개선. 2. 미용기업과 지속적인 고객관계유지의 실천 강화. 3. 고정고객과의 진정한 커뮤니케이션 유지.

고객관리의 전략

① 신중한 고객관리는 신규고객의 증가율로 발전, 고정고객의 증가로 이어진다.

② 고객관리 중요성의 고취를 위한 교육을 해야 한다.

③ 미용기업으로서의 성장과 발전의 가능성이 크다.

④ 좋은 이미지 확산 효과는 경쟁에서도 유리하다.

⑤ 미용기업의 매출증가가 일어나며 인적자원 관리에도 유리하다.

⑥ 내부고객들에게 목표를 향해 달려갈 수 있는 꿈과 비전을 제시해 줘야 한다.

⑦ 경영자의 마인드가 신선하게 바뀌고, 투명한 경영지도 교육을 해야 한다.

무한경쟁시대의 경제성장과 소비자의 소비심리 극대화로 말미암아 미용기업의 기업화. 대형화. 다점포화의 체인점 형태의 유통구조를 이루며 미용기업화 되어 가는 경향이 짙다.

고정고객 프로세스 과정

고객유형	범위대상	혜택 및 서비스 분류
VIP 고객	1. 매장 특별관리 대상 2. 매출 기여도 상위(50~60)명	1. 제휴가맹점 우대권관리 2. 기념행사(생일. 결혼기념)특별관리

		3. 특별 유대관리 강화
우수고객	1. 상위 매출(61~500)명 2. 이용횟수 20회 이상	1. 연말 및 기념일 특별관리 2. 제휴가맹점 우대권 3. 할인 우대권 및 행사초대권 관리
애용고객	1. 상위 매출(501~1000)명 2. 이용횟수 10회 이상	1. 할인우대 폭 고려 2. 행사초대권 3. 제휴가맹점 우대권
신규고객	1. 처음 이용 고객 2. 이용횟수 5회 이하	1. 제휴가맹점 우대권 2. 할인우대 폭 특별관리 3. 행사초대권
잠재고객	첫 이용 후 5개월 이내 한 번도 내점 없는 고객	1. 행사초대

02 미용기업 고객유형과 특성

1) 미용고객 유형별 분석관리

고객의 유형별 구조

고 객 층	고객의 의식	심리적 특징
충성고객	• 브랜드의 가치평가 원하는 작품을 이 매장에서만 할 수 있다	종교적 감각
애용고객	• 나를 관리해주는 디자이너가 있다	안심과 신뢰
반복고객	• 다른 매장보다 특별한 관리를 해주어서 계속 이용하고 있다	기대와 도전
이용고객	• 한번 내점 결과 확실한 판단 결과.	불안한 마음 없음

예상고객	• 브랜드에 대해 들어 보았다.	관 심
미지고객	• 아직 브랜드를 모른다.	?

(1) 예상고객과 미지고객 경험연결 제공

기업은 자사 사이트에서 매장을 홍보하거나 작품 정보를 제공하면서 고객 한 사람 한 사람의 단계를 거치게 된다. 고객을 사이트로 유도하기 위해 선물, 경품 등 그 어떤 것을 이용해도 좋다. 중요한 것은 고객과 직접 접할 수 있는 경험을 만들 수 있다.

(2) 이용고객을 반복고객으로 유도하기

고객에게 반복 구매를 유도하려면 동기부여가 필요하다. 예를 들어 같은 매장을 여러 번 찾아가면 누적 포인트가 있어서 이득이 발생한다는 인식을 느끼게 하는 것도 중요하다. 이러한 동기부여를 마케팅 용어로는 F·F·P(Frequent Flyer Program : 상용고객우대제도)라고 한다. 이것은 고객 정보가 없더라도 실시할 수는 있지만, 이용고객을 반복고객으로 만들려면 "고객감동"이 선행되어야 하며 작품과 서비스를 통한 감동에 의해서 비로소 가능해질 수 있다.

(3) 애용고객을 충성고객으로 유도하기

애용고객이 '절대로 이 매장이 아니면 안 된다.'라고 생각하게 하려면 '이 매장은 나와 함께 성장해 나간다.'는 느낌이 들게 하여야 한다는 뜻이다. 그러기 때문에 충성고객을 육성하는 데에는 많은 시간이 걸린다. 고객들에게 진지한 관심을 두고 세심한 배려와 적극성을 반영한다면 그 시간을 단축할 수 있다.

2) 고객유형별 관리를 위한 데이터 활용

무한경쟁시대의 경제성장과 소비자의 소비심리 극대화로 말미암아 미용기업의 기업화. 대형화. 다점포화의 체인점 형태의 유통구조를 이루며 미용기업화 되어 가는 경향이 짙다.

고객유치 전략을 세워서 신기술개발과 광고나 판촉 및 이벤트를 통해 새로운 신규고객창출을 이루었다 해도 내방고객의 한 분 한 분의 예리한 분석을 통해 데이터 활용에 적용시키지 않으면 고객관리는 결코 쉬운 것이 아니다. 단순히 미용기업을 방문해주시는 고객을 무조건 친절하게 관리하는 단계에서 고객카드(고정고객 · 엘리트고객)의 차등을 두어야 하며, 시간과 돈을 투자하여 대우가 똑같이 평이하다는 느낌을 받으면 장시간을 투자하고 많은 돈을 투자해서 꼭 그 미용기업만 방문하고자 하는 마음이 점점 약화하여 갈 것이다. 고객 개개인 특대우를 받고 있다는 인식이 느껴지게끔 고객들의 특성을 찾아서 데이터를 작성해서 고객관리 활용에 만전을 가져야 한다.

(1) 고객관리 선별의 프로세스

① 고객확보 전략의 유형 및 특성분류 방법.
② 고객의 세분화 및 차별화 관리.
③ 고객카드를 통한 시스템운영 기법개발.
④ 고객 만족도 결과분석 및 고객관리 촉진 시스템개발.

(2) 고객의 유형

① 부유층 형 (Carriage Trade) 고객은 부자 단골손님으로 높은 원가가 소요되지만 높은 가격을 지급할 용의가 있고 능력이 있는 고객이다.

② 바겐형(Bargain Basement) 고객은 가격에 민감해서 싼 것만 찾아다니는 사람이지만 상대적으로 서비스의 질에 덜 민감하며 비용은 적게 든다.
③ 소극형(passive) 고객은 원가는 낮게 들지만 높은 가격을 수용할 용기를 가진 손님이며 주문 시 상당히 수익성이 높은 고객이 된다.
④ 능동형(Active) 고객은 최고의 품질을 요구하며 낮은 가격을 원한다.
⑤ 공격형(aggressive) 고객은 일반적으로 대규모 거래를 하는 적극적인 구매자로서 가격흥정을 하며 더 많은 서비스를 요구한다.

(3) 고객의 자기중심적 행동

고객들은 자기가 안고 있는 문제해결에만 관심이 있다. 자기가 알고자 하는 것은 즉시 물어보고 자기의 기대와 필요는 반드시 이루고자 하나 미용기업의 사정은 알려고도 하지 않는다. 알려주려고 해도 듣지 않으며 관심도 없다. 서비스제공자는 이러한 고객의 자기중심적(Self-centered) 행동을 인식하여 업무를 수행하여야 한다. 고객은 항상 옳고 정당하며 고객과의 논쟁은 부질없는 것이다. 실수와 잘못은 신속한 보상으로만 치유할 수 있다.

(4) 고객은 불만사항을 오래 간직

고객은 자기중심적이어서 기업이 충분한 기대에 맞게 되면 당연한 것으로 받아들이지만, 기대에 못 미치면 불만을 느낀다. 그 불만을 머릿속에 오래 간직하고 그 사실을 남에게 전달하는 속성이 있다. 불만사항을 해결해 주고 응분의 보상이 이루어지면 기억에서 사라지지만, 만족한 내용보다는 불만족한 내용이 오래도록 기억되는 것이 사실이다.

통계에 의하면 고객 중 불만을 하소연하는 경우는 3~4%, 참는 경우는

40%, 나머지 56~57%는 말없이 다른 경쟁자에게 가버린다고 한다. 고객은 불만을 어디에다 말해야 할지 잘 모르며, 불만을 토로해도 누구도 책임지고 잘 해결해 줄 것으로 믿지도 않는다. 조금 손해를 보더라도 참고, 거래를 끊으면 그만이라 생각하며 불만을 토로하는 자체가 시간낭비이고 덧없는 짓으로 여긴다. 그러므로 기업은 불만을 하소연하는 고객의 소리에 귀를 기울이고 적극적으로 고객의 불만을 수용할 겸허한 자세가 필요하다.

2) 미용고객의 특성화 방안

(1) 미용고객의 특성인식

자급자족하던 과거에는 마케팅이란 개념도 없었을 뿐만 아니라 생산자 위주의 판매행위가 이루어져 고객 선택의 폭은 지극히 한정적일 수밖에 없었다. 그러나 지금은 상황이 역전되어 고객의 시장에 대한 선택의 폭은 상상을 초월하는 정도에 이르렀다. 미용기업은 고객 없이는 존재할 수 없으므로 적극적으로 고객을 찾아야 하며 새로운 수요를 만들어내야 한다. 고객의 중요성을 인식하지 못한 미용기업은 미용업의 가치가 없다.

고객의 욕구는 무엇이며 고객은 무엇이 있어야 하는가, 고객의 불만은 어떠한 것이며, 그 불만을 수용할 수 있는 태세는 갖추었는가? 고객 개개인은 차별화된 어떤 욕구가 있는가? 고객은 환영받고 싶어 하고 오래 기억되기를 바란다. 고객은 존경을 받고 싶어 하며 중요한 사람으로 인식되기를 바란다. 고객은 편안해지고 싶어 하고 칭찬받고 싶어 한다. 또 고객은 자기의 기대와 요구를 받아들여 주기를 원한다. 고객은 이제 미용기업의 생존 수단을 넘어서 미용기업의 목적이며 이상(理想)이다. 고객의 중요성은 아무리 강조해도 지나치지 않는다.

(2) 미용고객을 절대적 주인으로 인정

고객은 항상 정당하고 옳다. 고객은 우리에게 왕이자 황제이다, 고객은 늘 가까이 있지만, 남편과 아내처럼 다루기 까다로운 존재다. 고객은 여인네 마음처럼 섬세하고, 변덕쟁이라서 마음에 들지 않으면 언제라도 떠나버린다. 고객은 외국인과 같아서 고객이 쓰는 언어가 아니면 알아듣지 못한다. 고객은 기업의 최종결재권자이다. 고객은 무소불위의 자리에 있다. 아무리 서비스의 본질과 작품이 우수하고 마케팅 기술과 서비스가 뛰어나더라도 고객이 인정해 주지 않으면 그만이다. 고객이 미용기업의 운명을 결정하는 열쇠다. 귀중한 존재, 절대적 존재 그것이 곧 고객이다. 고객을 잃으면 미용기업을 잃는 것이다. 미용기업의 재산은 고객이다. 미용기업이 보유하는 첨단기술, 제품, 부동산, 노하우, 숙련된 인력은 단지 고객을 끌어들이기 위한 수단에 불과하다. 그러므로 단골고객의 확보는 재산의 축적이 되며, 고객관리는 재산관리라 할 수 있다. 미용기업의 주인은 소유주가 아니라 고객이며 고객은 최고의 재산이다. 고객들이 인정하는 미용기업은 성장발전을 촉진하고 미용기업으로 하여금 어떤 작품과 서비스를 만들어낼 것인가를 알려주는 안내자로서의 역할을 한다. 미용기업은 고객의 소리(VOC : Voice of Customer)에 귀 기울여야 한다. 고객의 욕구를 찾아내고 불만을 수용하고 바로잡지 않으면 고객은 떠나고 만다. 진정한 고객은 자기가 원하는 작품만 하고 돌아가는 사람, 단순한 수입대상으로서의 고객이 아니라 기업을 함께 이끌어갈 동행인이며 안내자라는 사실이다. 미용고객은 작품의 다양성을 위해 돈을 지급하는 것이 아니라 미용기업에 투자하는 것이며, 고객의 투자가 미용기업을 존속시키는 생명의 끈이 된다.

(3) 미용고객은 카멜레온(변신의 천재) 같다

특히 미용고객은 조석으로 마음이 변한다. 고객과 개구리와 럭비공은 공통점을 갖는다. 언제 어느 방향으로 튈지 예측이 어렵다. 오늘날과 같이 소비계층이 다양해지고 세분화됨에 따라 고객의 성향을 예측하기란 쉽지 않다. 고객 개개인의 자유분방함과 독특한 개성은 마케팅 전략도 다품종 소량생산의 방식으로 바꾸었다. 고객은 과거에 연연하지 않으며 미래지향적이다. 단골고객의 확보가 미용기업의 최대목표이지만 고객의 변덕이 심한 만큼 어려운 일이다. 고객의 발상을 뛰어넘는 예측력과 새로운 소비 집단으로 떠오르는 N세대 (New & Network Generation), 미시(Missy)족, 2Y2R세대 (Too Young To Retire Generation), G세대(Green & Gold Generation), 실버세대(Silver Generation) 등 각각의 소비계층에 섬세하게 접근할 마케팅 전략과 고객 달래기가 무엇보다도 필요하다. 개별적인 맨투맨 마케팅(Man To Man Marketing)의 필요성도 더욱 커지고 있다.

(4) 미용고객은 민감하다

고객은 5감(시각, 청각, 미각, 후각, 촉각)으로 작품과 서비스의 질을 느끼고 평가한다. 또한, 그들은 대단히 민감하다. 고객의 소비구조가 다양화, 개성화됨에 따라 미용기업에서도 작품의 품질과 함께 서비스의 개발도 인간존중의 고객관리, 즉 휴먼웨어(Humanware)를 중시하는 서비스관리로 전환되어야 한다. 고객은 단순한 소비단위로서가 아닌 인간적 가치, 생명과 생활문화의 생산단위로서 받아들여져야 한다. 미용고객은 기본적인 생리적 삶을 영위하기 위해 의식주를 소비하는 것이 아니라 소비를 통해서 사회적 지위, 권위, 위신을 나타내는 것이며 자신의 존재를 타인과 차별화시켜 나가기 위함이다. 이는 미용서비스에 있어서 고객만족은 최고의 품질을 증명하는 결과이기 때문이다.

르네상스 호텔 고객개념 헌장

1. 고객은 우리 기업, 나아가 모든 기업의 생명의 본체이다.
2. 고객이 우리에게 의존하는 것이 아니라 우리가 그들에게 의존한다.
3. 고객은 우리 기업의 목적이며 그들 없이는 아무것도 할 일이 없다.
4. 고객은 금전등록기 안의 돈이 아니다. 감정과 정서를 가진 인간이므로 마음에서 우러러 나오는 존경심을 갖고 접대하여야 한다.
5. 고객은 우리의 상품을 구매함으로써 우리에게 호의를 베푼다. 그러므로 고객이 요구하는 것과 원하는 것을 채워 드리는 것이 우리의 할 일이며 의무이다.
6. 고객은 당신의 봉급을 지급하는 사람이다.
7. 고객은 우리에게 만족을 느끼지 못할 때 언제든지 떠날 준비가 되어 있다.
8. 고객은 우리가 최선을 다하여 노력할 때 만족한다. 따라서 우리 사업의 성패는 그들을 끝까지 만족하게 하는데 달렸다. 고객 없이는 우리의 사업이 존재할 수 없다는 것을 기억하라.

03 미용고객의 컴플레인과 클레임

1) 컴플레인의 정의

컴플레인(Complaint)은 불만 사항에 대한 항의 혹은 불평을 전달하는 것을 의미한다. 고객이 상품을 구매하는 과정에서 또는 구매한 상품에 관하여 품질, 서비스, 불량 등을 이유로 불만을 제기하는 것으로 판매업에서 종종 발생하는 일이다. 고객의 불만, 오해, 편견 등을 풀어주는 일을 컴플레인 처리라고 하며, 담당사원의 중요한 임무 중의 하나이다. 컴플레인 처리를 귀찮은 일, 판매 후의 뒤치다꺼리로 인식할 수가 있는데, 이는 크게 잘못된 생각이다. 성의를 다하는 컴플레인의 처리는 미용기업의 신용을 더 높여 주며 고객과의 관계를 효과적으로 유지해 주는 지름길이 되기도 한다. 그러나 근래 근무자의 부주의와 무성의로 말미암은 고객의 컴플레인이 점차 증가하는 추세에 있지만, 사실은 소비자의식 역시 변화하고 있고 요구가 점차 다양해지고 있는 데서 그 원인을 찾을 수 있다. 따라서 근무자의 의식 변화로 컴플레인 발생 원인과 처리 방법 및 예방책을 숙지하고 컴플레인의 발생에서부터 마무리까지의 과정 하나하나를 신속한 방법으로 최선을 다해야 한다.

(1) 컴플레인의 중요성

고객의 컴플레인을 이해함으로 고객에 대한 정학한 사실을 얻을 수 있다. 첫째, 불평은 고객이 무엇을 원하는지 가르쳐 준다. 아무리 고객 서비스를 잘하고 있어도 내가 알지 못하는 부족한 부분이 있기 때문이다. 따라서 소비자의 불평을 오히려 장려하여 불평에 귀 기울이는 노력이 필요하다. 둘째, 불평하지 않는다고 우리의 서비스와 고객에 대한 욕구충족이 다 이루어졌다고 생각할 수 없다. 일반적으로 불만족한 고객의 94% 이상은 말없이 떠납니다. 즉 불평에 대한 관리의 원칙으로 불평하지 않는 사람도 배제할 수 없다는 것입니다. 이렇게 말 없는 고객으로 하여금 말을 시켜 그 마음의 진실을 이해하도록 노력해야 할 것이다. 이렇게 불평은 적극적으로 개발하고 처리하는 업체만이 얻을 수 있는 커다란 보상이라 생각된다.

(2) 컴플레인의 유형

불만족한 고객이 취하는 행동은 4가지로 유형화할 수 있다. 첫째, 기업에 직업 말하는 고객(37%)이다. 둘째, 수동적인 고객(14%)이다. 즉 전혀 자신의 불평을 적극적으로 처리하지 않는 경우이다. 이것을 가멘(gamen)이라고 하는데, 이는 불평하지 않고 소비의 결과를 운명의 결과로 생각하는 것이다. 셋째, 분노하는 고객(21%)이다. 즉 실질적인 불평의 정도가 정도를 넘는 경우라고 할 수 있다. 넷째, 불평뿐 아니라 적극적으로 불평행위를 취하는 고객(28%)이다. 대부분의 불만족한 경우는 불평을 외부에 표출하게 되는데, 이렇게 불평하는 고객의 유형은 크게 3가지로 구분한다. 첫째, 해당 업체에 직접 항의를 한다. 즉 업소에 직접 배상을 요구한다. 둘째, 친지나 가족, 개인적으로 관계가 있는 소비자에게 자신의 불만 사항을 이야기한다. 즉 자신과 관련이 있는 소비자에게 경고하거나 구매 중지나 구매 보이콧 등 사적인 행동을 취하게 한다. 셋째, 전혀 자신과 관계없는 제삼자에게 불만을 토로하는 것이다. 즉 공식기관(소비자보호원, 정부기관 등)이나 조직(민간단체 등)에 불평을 토로함으로써 자신의 불만을 없애거나 배상을 요구하는 것이다.

(3) 고객 유형별 컴플레인 대처법

① 주도형 고객

- 특징 : 의사결정이 빠르고 적극적인 성급한 성격의 소유자
- 응대법 : 시원시원한 목소리로 군더더기 없이 적극적이면서 빠른 응대를 한다.

② 사교형 고객

- 특징 : 사람을 좋아하고 열정적이며 충동적인 성격의 소유자
- 응대법 : 상냥하고 다양한 억양으로 감정노출을 풍부하게 하면서 열정적으로 응대하며 자신의 개인적 이야기도 곁들인다.

③ 신중형 고객

- 특징 : 분석적이며 신중하고 완벽주의적인 성격의 소유자

- 응대법 : 감정적인 표현보다는 사실적이고 논리적으로 문제해결 절차와 세부 사항을 정확히 설명하며 응대한다.

④ 안정형 고객

- 특징 : 참을성 있으며 안정적이고 우유부단한 성격의 소유자
- 응대법 : 부드럽고 따뜻하게 응대하며 협조적이면서 감정을 잘 배려해 준다.

2) 컴플레인과 클레임의 차이

(1) 컴플레인(complaint)이란?

사전적인 의미로 "불평하다"이다. 고객의 주관적인 평가로 불만족스러운 메뉴 및 서비스에 대한 불평을 전달하는 것을 의미한다. 비즈니스에서 보면 고객 불만을 말하는데 컴플레인과 클레임은 같은 의미로 보일 수 있지만 컴플레인은 고객의 주관적 의미로 말할 수 있으며, claim은 더욱 적극적인 의미로서 자신의 권리 등을 기반으로 불만사항에 대한 시정 및 배상 요구의 의미가 더해진다는 것이다. 클레임은 고객 불만을 객관적 판단으로 소송 문제까지 제기될 수 있다는 관점에서 생기는 원인에 따라 차이가 크다고 할 수 있다.

컴플레인은 고객의 주관적인 평가로 불만족스러운 상품이나 서비스에 대해서 불평을 전달하는 것을 의미하고 고객의 감정이 개입된 것으로 직원의 태도가 불친절하다고 지적하는 것들이 그 예이다. 주관적인 평가에 의해 발생하는 불만이기 때문에 똑같은 상황이라 할지라도 각 고객의 성향과 예외상황으로 클레임이 될 수도 있고 컴플레인이 될 수도 있다.

(2) 클레임(claim)이란?

수출입업자가 매매계약 조항을 위반하면서 발생하는 불평, 불만, 의견 차이 등을 상대에게 제기하는 것을 말한다. 넓은 의미의 클레임은 불평이나 경고를 포함하지만, 대부분은 좁은 의미로 해석하는 적극적인 손해배상의 요구를 클레임으로 본다. 이때 손해배상을 요구하는 자를 제기자(Claimant), 손해배상을 청구 당하는 자를 피제기자(Claimee)라고 한다.

수입업자가 상대방인 수출업자에 대해 계약을 완전히 이행하지 않았다는 이유로 지급거절, 지급연기 또는 손해배상 등을 요구하는 것을 말한다. 클레임의 원인으로는 주로 품질불량, 내용물의 수량부족, 파손, 변질, 납기의 지연, 선적서류의 지착(遲着) 등인데, 이러한 것은 계약위반 사항이기 때문에 수입업자가 당연히 클레임을 제기하게 된다. 그러나 수출입업자 간의 상시분쟁으로서 가장 문제가 되는 것은 이른바 마켓 클레임이라는 것이다. 이것은 수입지의 시황이 급격히 변화하여 애초의 계약가격으로 인수해서는 도저히 채산을 맞출 수가 없을 때 극히 사소한 결점을 들어 클레임을 주장하는 것을 말한다.

(3) 고객 클레임

클레임은 위의 내용처럼 수출입업자 사이의 계약관계 이행에 대한 불만, 요구 사항을 말하는데 이를 꼭 수입업자와 수출업자 사이의 관계로 설명하는 것은 아니다. 고객 클레임이라 하여 사업자, 서비스 제공자와 고객 관계에서 고객이 불만을 표현하는 것을 클레임이라 할 수 있다. 고객 클레임은 어느 고객이든 제기할 수 있는 객관적인 문제점에 대한 고객의 지적이다. 즉 자동차를 구매했을 때 급발진이 일어날 경우, IT에서 소프트웨어에 버그가 생겨 서비스를 정상적으로 받지 못할 때 등 객관적인 불만사항에 대한 수정사항 및 배상요구의 의미가 더해진 것이다.

컴플레인(complaint) 이나 클레임(claim) 사항은 판매직원의 시간과 사정에 관계없이 자주 발생한다. 판매직원은 이 사실을 냉정히 받아들여 고객의 불만을 그대로 경청하여 대처함으로써 차차 숙련된 프로사원으로 성장하는 것이다. 컴플레인과 클레임의 차이가 무슨 뜻인지 이해하고 그 유형과 중요성을 파악해 고객에게 응대하는 데 소홀함이 없도록 해야 한다.

서비스와 정성으로 고객에게 즐거움을 제공하는 곳으로 이해되어야 한다. 그러나 미용기업에서는 여러 가지 원인에 의하여 끊임없이 컴플레인이 발생하겠지만, 사전예방에 최선을 기해한다.

컴플레인 기본적 대처방안

1. 신속하게 상황파악을 한다.
2. 단호한 자기반성과 신속한 사과를 먼저 한다.
3. 고객에게 대책수립과 처리사항 통보해야 한다.
4. 고객의 손해(경제적, 시간적)에 대한 적절한 보상이 있어야 한다.

컴플레인 위기를 격고나면 고객의 신뢰와, 업무시스템도 수정하는 전화위복 된다. 컴플레인 고객은 신속하고 명쾌한 뒤처리가 진행될 시 오히려 미용기업에 대한 호감이 올라가고 충성고객이 되는 지름길이 된다.

3) 컴플레인 사례 및 예방

(1) 컴플레인 예방

고객은 공급자 입장에서는 수익의 근원이기도 하지만, 또 문제 발생의 원인이기도 하는 참으로 어려운 양면적인 존재이다. 특히 고객 제일주의, 고객감동, 가족 같은 고객, 평생고객가치 등. 고객에 대한 중요성은 점점 더 커져만 가고 있다. 그런데 한 가지 간과하고 가는 게 있다. 기본적인 고객 응대와 고객 컴플레인에 대한 바른 대처 방법이다. 엄청나게 많은 비용을 들여 마케팅 활동을 전개하고, 긍정적인 브랜드 커뮤니케이션을 위해 노력 하지만, 첫째, 기본적으로는 컴플레인이 발생하기 이전에 적극적으로 관리해야 할 것이다. 이를 위해서는 고객 지향적인 마케팅과 항상 고객을 최우선으로 하는 서비스를 제공함으로써, 컴플레인의 발생을 제거하여 고객만족 경영을 이루어야 할 것이다. 둘째, 컴플레인을 실시한 고객에게 감사의 표현으로 그들만을 위한 특별한 대우(친필로 엽서 보내기, 분기별로 홍보내용이 인쇄된 교통카드, 고객사은 특별행사 우대권 발송, 음악회 초대권 발송, 특별사은품 지급 등)를 해주는 것이다. 즉 컴플레인 고객과 장기적으로 긴밀한 관계를 유지하여 충성고객 만들기에 도전하고 고객생애가치(LTV : Life Time Value)를 향상시켜 고객 및 기업만족을 극대화시키는 고객관계 마케팅(Customer Relationship Marketing)을 적극적으로 도입해야 한다. 결국, 컴플레인을 제기했던 고객들을 오히려 감동시켜서 까다로운 고객을 영원한 단골로 만들어나갈 수 있어야 한다.

고객 지향적인 마케팅

① 고객의 입장에서 반응하라.
② 고객을 안심시키고 확신을 주어라.
④ 고객을 존귀하게 생각하라.
⑤ 고객에게 맞춰 행동을 하라.
⑥ 고객의 기대를 곧바로 행동으로 보여라.

'미용기업고객의 컴플레인은 love letter 라고 생각해라' 컴플레인 상습 고객을 특별 관리하고 고객 만족도를 높이기 위해 온·오프라인으로 접수된 고객 컴플레인 중 내부 개선 수준에 머물렀던 기존의 컴플레인 대응법을 고객 참여형으로 전환시키는 전략이 필요하다. 이것이 '컴플레인 피드백'이다. 성공적인 컴플레인 해결을 통해 고객 만족, 더 나아가 고객 감동을 통해 마케팅 효과를 노리는 사례는 서비스와 관련된 모든 기업에서 활용하고 있다고 해도 과언이 아니다. '컴플레인 마케팅' 경쟁시대에 살아남는 길이다.

(2) 컴플레인 복구 후 만족도 확인

고객의 관점에서 진실하게 사과하고 빠르게 해결하려는 의지와 함께 상황이 발생된 동기에 대해 대단히 죄송하다는 말씀을 함께 드려야 한다. 흥분, 분노가 발산될 수 있도록 경청하고, 원인을 신속하게 파악해야 한다. 눈을 마주치며 공감하고 있음을 표현하고 상황에 대해 충분히 이해를 하고 있음을 인지시켜야 한다. 고객에게 합리적인 해결책을 제안하고 현재 상황에서 고객의 입장을 고려해 더 좋은 해결책을 제안하여야 한다. 다시 사과를 드리고, 다음에는 변화된 모습으로 한 번 더 만나 뵐 수 있도록 희망한다는 메시지를 전달하여야 한다. 어렵고도 쉽게 하는 컴플레인 대처 방법이다. 역지사지, 자신이 고객의 입장이라고 생각하고 고객의 관점에서 적합한 대처가 중요하다. 조그만 잘못이라도 있으면 성을 내거나 불만을 제기하는 손님들이 진짜 단골이 될 가능성이 가장 농후하기 때문이다. 반대로 문제가 있어도 불만을 제기하지 않는 손님은 여기저기 기웃거린 손님이 많다는 것이다. 컴플레인 마케팅의 기초는 손님의 히스테리를 웃는 얼굴로 몽땅 받아주기 그 뒤 애프터서비스를 완벽하게 한 다음, 이런저런 방법으로 정기적으로 접촉하는 수순. 불만 고객에게 매달, 또는 분기별로 실질적인 표현방법으로 보내 마음을 달래주어야 한다. 최종 만족도를 꼭 확인하여야 한다.

Chapter 10

고객관리의 서비스와 이미지 메이킹

그라톤은 직원들이 헌신하는 기업 8곳을 선별해 집중 연구

- 아스트라 제네카(Astra Zeneca) : 임금과 성과급에 대한 정보를 직원들에게 투명하게 공개
- 브리시티 페트롤륨(Petroleum) : 내부 노동 시장 조성
- 브리시티 텔레콤(British Telecom) : 직원들에게 선택권 부여
- 골드만삭스(Glodman Sachs) : 인간관계 발전에 관한 선택권 부여
- 휴렛패커드(Hewlett Packard) : 근무 시간에 관한 선택권의 자유
- 맥킨지 앤 컴퍼니(Mckinsey & Co) : 동료와 프로젝트를 선택하는 경우에 투명성 부여
- 소니(Sony) : 의미 있는 작업을 하기 위한 자율권 부여
- 유니시스(Unisys) : 직원들에게 고도의 직업훈련 기회 부여

Chapter 10 고객관리의 서비스와 이미지 메이킹

01 미용고객의 가치를 높이는 서비스

1) 미용고객 서비스품질의 개념

(1) 서비스 품질의 정의

서비스란 가장 일반적이면서도 실천하기 어려운 용어다. 어떤 서비스의 대가를 받을 만큼 제공하는 한정된 서비스가 아닌 인간미가 담긴 인적 서비스가 물적 서비스에 부가된 서비스를 뜻한다. 미용기업이나 조직에 맞는 고객응대 프로세스를 만들어 훈련시키는 일이 고객을 위하는 일이며 직원이 고객을 대하는 태도에 미용기업의 흥망이 걸려있다 해도 무리한 대답이 아니라고 본다. 친절은 세상에서 가장 아름다운 표현이며 내면이 충만하고 행복한 사람이 친절을 베풀 수 있으며 친절한 서비스는 감정노동이다. 한 사람 이상 조직을 위해 가치를 전달하는 모든 일련의 활동이라 할 수 있다. 대부분의 서비스품질의 유형적인 단서는 서비스 제공자의 물리적인 능력이나 인적요소에 한정된다. 이로 인해 서비스품질은 객관적인 기준보다는 주로 주관적인 기준이며 소비자에 의해 '지각된 서비스품질'의 의미로 정의된다.

서비스품질에 대한 관심과 연구가 지속적으로 증가되고 있으나, 경쟁이 심화됨에 따라 품질은 시장에서 경쟁 우위를 위한 중요한 요소로 남았다. 서비스품질에 대한 정의는 매우 다양하고 서비스품질의 개념이 광범위하여 실제로 품질에 대한 정의는 학자나 실무자들 사이에도 혼선이 일어나고 있지만, 다음과 같이 정리해 볼 수 있겠다. 첫째, 특정제품이 특정고객의 요구를 만족시켜 주는 것, 둘째 특정제품 유형이 일반적인 사람들에게 잠재적으로 만족을 주는 것, 셋째 특정제품이 제품계획 및 제품 명세와 일치되는 정도, 넷째 특정제품이 고객의 비교테스트하여 동일 등급이라 해도 경쟁 제품보다 더 선호한 것, 다섯째 제품의 외적 특성인 "외양, 성능, 수명, 신뢰성, 내구성, 맛, 향기"등 질적 특성인 것, 여섯째 특정기준은 없어도 일이 우수하다고 표현할 수 있는 것이다.

Shostack(1977)는 서비스품질의 문제는 서비스 기업만의 유일한 관심사가 아니고 많은 기업이 제공하는 것이 일부 유형적인 것과 무형적인 서비스라는 것을 인식할 것이다. 서비스품질은 모든 기업에 대한 관리적 연구의 핵심으로 대두하고 있다. 서비스품질은 단순히 결과만을 가지고 평가하는 것이 아닌 서비스를 제공받는 모든 과정(Process) 에서 연속적으로 작용한다는 것을 알 수 있다.

Gronroos(1982)는 이러한 품질의 두 가지 양상을 고객의 평가에 매개하는 수단으로 '기업 이미지'를 고려하고 있다. 대부분 고객은 기업이나 직원 또는 서비스 프로세스를 보게 된다. 그러므로 서비스 기업에서 기업의 이미지는 매우 중요하며 서비스 품질을 평가하는 데 있어 다양한 영향을 미친다.

Garvin(1984)은 품질에 대한 기존 개념들을 선험적 접근, 사용자 중심적 접근, 제품 중심적 접근, 제조 중심적 접근, 가치 중심적 접근 등의 5가지로 구분하여 정의하였다.

① 선험적 접근(Transcendent Approach)

품질은 정신도 물질도 아닌 독립적 제3의 실체로, 타고난 우월성을 의미한다. 이러한 관점은 시각예술에 적용될 수 있다. 사람들은 반복된 노출을 통해 품질을 인식하게 된다고 본다. 경험을 통해서만 알 수 있는 다분히 분석 불가능한 개념이다.

② 상품 중심적 접근(Product-based approach)

품질을 정밀하고 측정 가능한 변수로 보는 것이며 품질의 차이는 상품의 내용물의 속성차이로 본다. 이 관점은 완전히 객관적이라서 개인적 취향, 욕구, 선호를 잘 설명하지 못한다. 상품은 그것이 지닌 특성의 총합에 의해 평가되어 질 수 있기 때문에 품질에 대한 수직적 혹은 계층적인 측면에서의 정의라고 할 수 있다.

③ 사용자 중심적 접근(User-based approach)

품질은 보는 사람의 눈에 달렸다는 가정에서 출발한다. 이러한 주관적이고 수요자 지향적인 관점은 고객들의 다양한 욕구를 반영한다. 개별 소비자들은 서로 다른 욕구와 필요를 하고 있으므로 그들의 선호를 가장 잘 만족하게 해 주는 상품이 가장 높은 품질을 가진 것으로 간주하다. 즉 품질은 개인에 따라 다른 주관적 개념이라고 제시하고 있다.

④ 제조 중심적 접근(Manufacturing-based approach)

다른 접근 방식과는 반대로 공급자의 지향적이며 엔지니어링과 제조에 관심을 둔다. 상품의 설계와 규격이 결정되었다고 긴장된 기분에서 벗어나는 것은 품질의 저하를 의미한다. 이 접근 방법은 품질에 대한 소비자의 관점을 인정하지만, 그 중요한 초점이 공급자 내부적인 것에 있다는 한계가 있다.

⑤ 가치 중심적 접근(Vaiue-based approach)

품질을 가치와 가격으로 정하며, 양질의 상품은 '만족스러운 가격에서 적합성을 제공하는 상품'이라 할 수 있다.

Kano(1984)는 고객들이 기대하는 품질의 종류로 당연적 품질, 일원적 품질, 매력적 품질로 나누고 있다. 당연적 품질은 제품이나 서비스에 대하여 고객이 기대한 사항이 반드시 포함되어야 한다는 품질을 의미하고, 일원적 품질은 보다 많은 내용의 서비스를 통해 고객을 만족하게 하는 품질을 의미한다. 매력적 품질은 고객이 전혀 기대하지 않았으나 서비스 경험을 통해 뜻밖의 기쁨을 얻는 것을 의미한다. 여기에 내포된 것은 당연적 품질에 대해서는 계속적인 품질 통제가 필요하고 일원적 품질을 유지하려면 지속적인 품질개선, 그리고 매력적 품질을 위해서는 지속적인 혁신이 필요하다는 것을 강조하고 있다.

Lehinen(1985)은 소비자가 지각하는 전체적인 서비스품질은 소비자와 서비스업체 조직 내의 요소 간의 상호작용에 의해 결정되는 것으로 전제하고 서비스품질을 건물이나 설비 등 서비스의 물질적 측면을 포함하는 '물질적 품질'이다 말했다. 기업의 이미지나 인상을 포함하는(Physical quality) '기업의 품질(Corporate quality)'의 3차원으로 구분하였다. 그 후 서비스품질을 '과정품질(Process quality)'과 '결과품질(Outcome quality)'로 이분법적으로 개념화하였다. 또한, 서비스품질은 같은 서비스라 하더라도 서비스를 이용한 사람마다 다르게 평가할 수 있는데, 이는 소비자 개인이 서로 견해가 다르기 때문이다.

Parasuraman 등 (1985)은 서비스품질은 기대와 수행의 비교이며 서비스품질의 평가는 결과뿐만 아니라 서비스로 파악하는 것이며, 그 활동의 여부에 따라 평가를 해 최종적으로 고객이 받는 것(What the Customer Gets)을 의미한다. '기능적 품질'은 고객이 어떻게 그것을 얻을 것인가에 관한 편익의 제공이라는 활동 그 자체가 아니라. 제공방법을 고객이 서비스로 파악하는 것이고, 기술적 품질이 기능적으로 고객에게 이전되는 과정(How he gets it)을 의미한다. 예를 들어 미용업에서 고객에게 전달되는 것이 기술적 품질과 종업원의 외모와 행동(접대 태도 등)은 기능적 품질로서 서비스 품질의 중요한 요소가 된다. 고객들은 서비스품질을 평가할 때, 한 가지 차원에서 서비스품질을 지각하기보다는 다차원으로 평가한다.

Zeithaml과 Berry(1985)는 서비스품질을 서비스기업이 제공하는 서비스에 대한 고객들의 기대와 실제로 제공한 서비스에 대해 고객들이 지각한 것과의 차이로 정의하면서 지각하는 차원을 신뢰성, 반응성, 확신성, 공감성, 유형성의 5가지 차원을 이용하였다.

고객이 인지한 서비스품질은 정보, 경험, 기업이미지, 개인적 요구 등에 근거하여 기업이 제공할 것이라고 기대한 서비스와 받은 서비스에 대해 인지서비스를 비교한 평가기준은 고객의 평가로 정의할 수 있다.

Deming(1990)은 품질을 소비자가 제품이나 서비스를 잘 사들여 만족스럽게 느끼고, 그 제품이나 서비스를 앞으로도 계속 구매할 의향이 있고, 다른 사람에게 그 제품과 서비스를 구매하도록 권유하고 또 그 제품과 서비스를 공급하는 기업에 다른 제품과 서비스에도 그런 수준의 품질을 보장하라고 권유하는 것이라고 하였으며 품질은 고객의 기대와 경험에 의해 결정된다고 말했다.

Bateson(1999)는 서비스품질은 유형재와 달리 눈에 보이지 않고 사람들의 행위를 통하여 전달되는 경우가 많아 일관성 있는 품질관리가 어려운 분야 중 하나이다.

서비스품질은 고객들이 평가하기에 제품의 품질보다 더 어렵다.

서비스품질의 지각은 실제서비스 성과에 대해 고객의 기대와 비교하고 결정된다. 품질의 평가는 서비스의 결과만이 아니고 서비스의 전달과정도 함께 포함된다.

서비스품질은 서비스의 특성, 소비자의 기대 그리고 평가기준의 복잡성 등 여러 가지 요소가 복합적으로 작용함으로써 그 개념을 하나로 정의하기란 곤란한 것이지만 많은 서비스 연구자들과 서비스 기업의 관리자들이 서비스품질은 기대와 수행의 차이에 있다는 점을 동의하고 있다.

(2) 미용고객만족의 서비스

미용기업 부문에서의 서비스는 고객에게 부담을 주지 않는 진심에서 우러나오는 서비스여야 한다. 미용기업 내 시설이 아무리 훌륭하고 뛰어났다 하더라도 그 속에서 일하는 직원의 봉사정신이 모자란 상태에서 사무적이고 기능적인 서비스를 제공한다면 다른 훌륭한 테크닉들은 빛을 잃고 말 것이다. 따라서 업무에서 친절하게 하는 것과 미소 짓는 것, 고객의 편의를 위해 최선을 다하는 것은 서비스 제공자의 중요한 업무이다. 직원의 따뜻한 말 한마디와 다정한 눈빛 하나가 주는 힘은 고객의 몸소 체험을 통해 미용기업의 신뢰도가 상승한다고 믿는다. 우리의 작은 미소와 정성어린 손길이 불행에서 행복으로 이끄는 밝은 등불이 되며 선진 미용기업으로 진입하는 원동력이 될 수 있다.

친절한 태도는 친절한 마음에서 우러나오고 훌륭한 태도는 사심 없는 친절의 소산이다. 진정한 고결함은 상냥한 마음에서 나오며, 편견이란 잘 알고 있지 못한 것을 공격하는 것에서 나온다. 친절만큼 강한 힘이 되지 못하며 그 어느 것도 진정한 힘만큼 친절하지 못한다. 당신이 만나는 모든 사람은 현실에서 보이지 않는 힘겨운 싸움을 하는 중이다.

처음부터 능숙하게 숙달되는 것은 없다. 배우고 익히며 수정해가면서 경험이 쌓이게 되고 자연스럽게 상황에 적절히 대응하는 프로가 되는 것이다. 세계적으로 고객응대를 자랑하는 항공사 및 호텔에서 입사 후 먼저 하는 일은 고객응대 교육훈련은 하드 트레이닝이다.

항공사의 예비 스튜어디스 교육생은 인사와 스마일연습을 하루에도 수십 번을 반복하면서 누구와 마주쳐도 밝게 웃으며 인사하는 것을 2~3개월 자연스럽게 몸에 익히게 한다. 동시에 웃으며 인사를 나누다 보면 어느새 내 마음도 밝아진다는 사실을 느끼게 된다. 자신은 볼 수 없는 자신의 모습을 바꾸는 길은 반복된 연습을 통한 습관형성에 있다는 것을 때가 되면 저절로 알게 된다. 중요한 것은 자신에게 인사와 스마일의 상냥함이 익혀지면 이젠 다른 사람들의 경직 되고 무표정한 얼굴들이 부담스럽게 느껴지는 것을 알게 된다. 내가 변해야 세상이 변해 보이는 것을 부정할 수 없다.

- 나는 무표정과 통명스러움에 익숙해져 있지는 않은가?
- 나는 언행일치 부문에 꼭 닮고 싶은 역할 모델이 있는가?
- 나는 교육을 받고 연습을 많이 해보았지만, 실천에 옮기는 것은 힘든 스타일인가?

자신의 부족한 부분은 알지만 변화되기 어려우면 교육을 통해 자신을 비춰보고 전문가의 도움을 받아 교정하고 훈련하여 변화된 자신을 가꾸고 부족한 부분을 바꿔 나가는 적극적인 삶의 자세도 필요하다. 요즘 일반기업 및 관공서에서 친절행동화 교육에 열의를 보이는 이유가 바로 여기에 있다. 자신의 모습을 알고 있고 변화하고 싶지만, 나의 잘못된 습관들을 사람들 앞에서 실습하고 표현해 보면서 용기와 자신감을 터득하게 되기 때문이다.

2) 미용고객 서비스품질의 실천

미용기업에서 서비스품질이 중요한 이유는 간단하다. 그것은 좋지 않은 품질로 말미암아 치러야 할 대가가 엄청나기 때문이다. 이 문제는 미용기업의 생사와 직접적인 관련이 있다. 고객은 지급하고, 구매, 사용한 제품이나 서비스의 가치가 자신이 지급한 가격에 비해 작게 느껴지면 그 제품이나 서비스의 품질은 좋지 못한 것으로 인식하고 이는 다시 고객의 재구매를 유도하지 못하고 자사의 제품, 서비스에 대한 고객의 충성심을 형성하지 못하게 될 것이다. 고객이 서비스를 받기 전에 가지는 기대(Expectation)와 고객이 실제로 받는 서비스의 성과(Performance)를 비교하여 고객들은 서비스의 품질을 인지하게 된다. 그러므로 서비스 품질은 매우 중요한 개념이라고 할 수 있다. 또한, 기대란 고객들의 바람 및 요구를 서비스 기업이 제공해야만 한다고 고객이 느끼는 것으로 정의된다. 서비스품질에서 사용하는 '기대'와 고객만족에서 '사용하는 기대'의 개념은 다르다. 고객만족의 '기대'는 거래를 할 때 일어날 것 같은 고객의 예측(Prediction) 을 의미한다. 또한 '기대는 고객이 어떤 행동을 할 때 발생하는 사건(Event)에 대해 고객이 정한 확률' 을 의미한다. 이와 대조적으로 서비스품질에서는 기대가 고객의 바람이나 욕망 (Desires or Wants) 서비스 생산자가 제공해야 하는 것을 의미한다. 따라서 고객 서비스품질의 장단점은 고객이 실제서비스 수행을 어떻게 인지했느냐 하는 것에 따라 결정된다고 할 수 있다.

(1) 서비스 품질의 과정

고객은 서비스에 대해서 지각하는 자(Perceiver Of Service)이다. 서비스의 질은 고객의 실제경험에 의해 평가된다. 고객만이 서비스의 질을 판단할 수 있다. 고객 자신이 훌륭한 서비스를 받는 사실을 자각해야 한다.

그러므로 훌륭한 서비스를 제공하려면 고객을 이해하는 것이 무엇보다 중요하다. 고객이 무엇을 기대하고 또 그들이 서비스를 어떻게 인지하고 있는지를 모르고서는 서비스의 질과 객관적 평가를 연관시키는 것은 불가능하다. 서비스 제공자는 서비스를 찾는 고객이 어려움을 겪고 있다는 것을 기억해야만 한다.

① 생산자원으로서의 고객

서비스에서 고객은 조직의 생산역량을 키워주는 인적자원(Human Resources)으로 작용한다. 부분 종업원(Partial Employee)으로서의 고객자원의 투입은 서비스 조직의 생산성(Productivity)에 영향을 미친다. 사우스웨스트 항공사(Southwest Airline)는 기본적인 핵심 서비스를 충실하게 수행하기 위하여 고객에 의존하며 항공사 전체의 생산성을 향상시키고 있다. 비행기를 갈아탈 때 승객 스스로 자기 짐을 옮기고, 음식도 가져와야 하고, 자리도 고객 스스로 찾는다. 서비스의 생산과정에 고객이 참여하게 되면, 고객이 생산제품의 양과 질에 영향을 줄 수 있고 고객의 태도나 행위를 통제할 수 없으므로 고객이 수행할 역할을 명확하게 하여야 한다. 서비스를 받는 고객을 부분 종업원으로 간주하여 고객의 참여를 극대화하는 서비스 과정(Service Process)을 설계한다면 서비스 제공을 능률적으로 수행할 수 있다. 셀프서비스(Self Service)를 이용하는 것을 장려하기 위해 가격을 인하함으로써 고객의 모티베이션(Motivation)을 향상시켜 고객이 직접 서비스에 참여토록 유도하는 방법도 한 예이다. 고객은 그들이 받는 서비스의 품질이나 가치, 그리고 자신이 느낄 만족에 공헌한다. 그들은 자신이 서비스 생산과정에 참여함으로써 생산이 증가한다는 사실에는 별로 관심이 없으나 자신의 욕구충족 여부에 더 많은 관심을 둔다. 효과적인 고객참여는 욕구가 충족될 가능성을 그만큼 증가시켜 준다.

② 경쟁자로서의 고객

서비스고객은 잠재적인 경쟁자이다. 고객은 서비스제공 과정의 일부분을 수행하기도 하고 때로는 전 과정에 걸쳐 서비스를 수행하기도 한다. 그래서 어떤 의미에서도 고객이란 서비스기업의 경쟁자가 된다. 팁(Tip)을 지급하여야 할 서비스는 서비스제공자를 회피하여 고객이 직접 처리함으로써 이러한 상황을 벗어날 수도 있다. 단순 서비스를 직접 생산할 것인지, 아니면 누군가에게서 서비스를 받을 것인지 고객은 항상 고민한다. 서비스를 외부교환하지 않고 내부교환으로 직접 생산한다면 고객은 서비스기업의 틀림없는 경쟁자이다. 고객은 서비스 제공과정의 일부분이다. 고객지향적인 서비스는 고객을 서비스제공과정의 가운데에 둔다. 서비스 제공자는 고객의 눈을 통해 그들의 조직과 서비스를 보는 방법을 배워야 한다. 미용서비스의 핵심은 고객만족(CS : Customer Satisfaction)이다. 그러면 고객을 만족하게 한다는 것은 무엇이며, 고객만족은 왜 필요한가? 많은 미용기업에서 고객만족실현을 위한 노력을 하고 있다.

노동이나 활동이 포함되는 서비스의 특징

㉠ 노동수단은 생산물을 통하여 우회 또는 간접적으로 인간의 욕망을 충족시켜주나, 서비스 노동은 인간의 욕망을 직접적으로 충족시켜준다.

㉡ 노동수단은 생산과 소비가 시간적 또는 공간적으로 분리되어 이루어지나, 서비스 노동은 생산물이 아니므로 시간적 : 생산과 동시에, 공간적 : 생산된 곳에서 소비되어야 한다.

㉢ 노동수단은 인간생명의 물질적 재생산에 직접 이바지하는 바가 많으나 서비스 노동은 인간 생명에 직접 이바지하는 바는 적다.

㉣ 노동수단은 생산수단이 필요하지만, 서비스 노동은 반드시 생산수단이 필요하지는 않다. 서비스 노동이 활동하는 산업부문을 클라크(Clark, C. G.)는 서비스 산업을 제3차 산업으로 규정하여 비물질적 생산을 담당하는 모든 업무를 포함했다.

(2) 고객의 서비스와 역할

서비스 프로세스란 서비스가 전달되는 절차나 메커니즘 또는 활동들의 흐름을 의미한다. 고객이 경험하는 서비스는 일정한 결과물(outcome)을 가질 수도 있지만 대부분 서비스는 일련의 과정(process)이며 흐름(flow)의 형태로 전달되고 따라서 상품 그 자체이기도 하고 동시에 서비스 전달과정인 유통의 성격을 가지고 있다. 서비스는 동시성과 비분리성이라는 고유의 특성 때문에 고객과 떨어져서 생각할 수 없다. 그렇기 때문에 서비스 생산의 흐름과 과정은 제품마케팅보다 훨씬 더 중요하다. 즉, 유명 미용업장에서 자기의 아름답게 변화된 모습을 상상하면서 찾아간 고객들은 단순히 최종 결과물인 단순히 변화된 자기모습에만 관심을 두는 것은 아니다 도착하여 자리에 앉고 안락한 분위기를 즐기며, 상담과 주문을 하고 서비스가 전달되는 과정에서 디자이너의 섬세한 손동작과 정감 있는 대화로 작품설명과 전 과정(process)에서 얻어지는 경험(experience)이 훨씬 더 중요한 것이다. 서비스 제공자의 처리 능력은 고객의 눈에 가시적으로 보이면 이것들은 서비스의 품질을 결정하는데 매우 중요한 역할을 하고, 구매 후 고객의 만족과 재 구매의사에 결정적인 영향으로 전환 될 수 있다. 때문에 서비스 생산 프로세스에 대해서 고객이 느끼는 점들에 대해 특별하게 중요시해야 하고 반드시 고객의 관점이 반영되어야 한다.

02 미용고객 가치와 서비스품질 특성

1) 고객서비스의 가치

미용기업서비스의 최우선과제는 최상의 기술과 서비스를 고객에게 제공하는데 있으며, 최고의 경영목표는 이윤추구 보다는 고객만족에 우선순위를 두어야 한다. 왜냐하면 고객만족 여하에 따라 미용기업의 생존이 좌우되며, 고객만족이 서비스기업의 전사적 지향점이다. 성공한 서비스(Successful Service)란, 고객만족의 극대화를 통한 서비스 경영의 추구로 고정고객을 확보하고 그들의 구전에 의해 (From Mouth To Mouth) 새로운 고객이 창출(New Customer Creation)됨으로써 매출증가의 원동력으로 작용하는 서비스이다. 그러나 고객의 불만족은 고객의 상실뿐만 아니라 형성된 나쁜 이미지가 잠재고객에게 전파되어 매출감소로 이어지는 악순환을 반복하게 된다. 고객은 자기의 마음속에서 서비스 품질에 관한 내부기준을 정해 놓고 자신의 기대보다 높은 수준의 서비스를 제공받으면 만족해하고 기대에 못 미치는 낮은 수준의 서비스에는 불만족해 한다. 고객의 서비스에 대한 기대치와 종사원의 서비스수행(Performance)사이에는 차이가 있게 마련인데 이를 서비스 격차라 한다.

서비스 경영자는 서비스격차를 신속하게 메워야 하며 서비스격차가 최소가 되도록 미리미리 준비하지 않으면 안 된다. 서비스기업은 자사가 만들어 내는 서비스가 고객에게 어떻게 인식되고 있는지, 경쟁사의 서비스는 고객에게 어떻게 받아들여지고 있는지를 분석해 볼 필요가 있으며, 이를 바탕으로 고객의 기대치를 정확히 파악한 고객개발에 활용할 수 있어야 한다. 서비스는 사람과 사람의 접촉과정에서 창출되며 서비스의 생산과정에 고객이 직접 참여 한다는 점에서 고객만족의 의미는 크다. 고객의 서비스에 대한 의견에 귀를 기울여 앞으로의 서비스방향을 제시하여야 한다. 고객만족 서비스란, 고객의 요구(Needs), 욕구(Wants), 기대(Expectation)에 부합되는 서비스를 제공하여 고객이 서비스를 재 구매토록 유도하고 새로운 고객창출을 이끌어내는 것이다. 따라서 미용기업은 기술과 서비스에 대한 고객의 요구, 욕구, 기대가 무엇인지 그 의견을 수렴하고 서비스실행에 응용할 수 있도록 만전을 다하여 고객충성도(Customer Loyalty)가 계속 유지되도록 하여야 한다.

2) 고객의 기대 수준

고객들의 기대는 상대적이며 주관성이 강하다. 즉, 고객 개개인의 경험에 의해 고객의 기대는 형성되며 성별, 연령, 체격, 직업, 라이프스타일(Life Style), 문화, 지역성에 따라 기대의 수준이 다르고 기대의 모양도 다양하다. 고객만족은 미용기업체가 대규모의 최신시설을 갖추어야 하는 것만은 아니며, 인적서비스의 양과 질이 많거나 높다고 이루어지는 것도 아니다. 서비스의 이용목적과 종류에 따라 고객의 기대수준은 천차만별이며 그 평가도 상대적이다. 예를 들면 서비스의 기대수준은 고객이 희망하는 서비스를 상한으로, 최저서비스를 하한으로 하는 허용구간을 형성하게 되며 서비스의 전달체계가 고객화(개별화)에 가까울수록 기대수준은 높고, 표준화(대중화)에 접근할수록 기대수준은 낮아지게 된다. 특히 습관화된 기대대로 서비스가 제공되지 않으면 기대의 파괴가 일어나는데, 고객의 기대수준을 넘는 서비스가 제공되면 긍정적인 기대의 상한가가 일어나 고객만족을 넘어 고객감동으로 이어지고, 기대수준에 못 미치는 서비스가 제공되면 부정적인 기대의 하한가가 일어나 고객은 만족하지 못하고 결국 고객상실로 이어지게 될 것이다.

(1) 고객의 요구

고객의 욕구(Wants)가 모여 필요, 즉 요구(Needs)를 형성한다. 요구는 어떤 기본적인 만족에 대해 부족함을 느끼는 상태이고 이러한 요구의 특별한 만족요인에 대한 욕망이 욕구이다. 고객니즈는 고객기대와는 달리 고객이 분명하게 표현할 수 없는 고객의 욕구 내지는 요구사항이다.

고객의 기대를 충족시키는 데에는 고객니즈에 대한 만족이 우선 선행되는 것이 전재된다. 고객기대는 고객 한 사람 한 사람마다 천차만별이고, 고객의 공통적 요구사항이 고객필요, 즉 니즈(Needs)로 표출된다. 안전에 대한 고객의 욕구, 공정성에 대한 고객의 욕구, 특히 자아실현에 대한 욕구는 관광서비스 분야에서 공통적으로 필요로 하는 고객의 니즈이다.

또한, 고객에 대한 불공정한 대우는 무의식적인 것일지라도 그 기업과 더 이상의 거래를 원치 않게 하여 고객을 더 나가게 할 뿐만 아니라 잠재고객마저 상실케 한다. 기업의 나쁜 이미지가 소문으로 전파되기 때문이다. 고객의 요구를 만족시키고 그들이 기대보다 더 큰 만족을 주는 것은 서비스에 대한 고객의 높은 평가를 얻게 되지만, 고객의 요구와 기대는 오랫동안 만족되지 않는다. 새로운 기술과 새로운 발견은 고객의 요구와 기대를 새로운 것으로 변화시킨다.

3) 고객의 권리

고객의 권리는 소비자가 사회 내지는 경제의 틀 속에서 향유할 수 있는 기본 권리로서 소비자 보호와 소비자 행정의 차원에서 요구되는 권리이다. 고객의 권리주장이나 최소한의 법적제도 장치를 무시하고 고객을 대우한다면 기업은 고객으로부터 버림받은 기업으로 전락하고 결국 사라지고 말 것이다. 가장 기본의 소비자의 권리는 다음과 같다.

(1) 소비자의 권리

첫째, 안전할 권리이다. 고객은 제품이나 서비스를 제공받은 다음 발생하게 되는 심적, 물적 피해로부터 안전하게 보호받을 수 있어야 하는 가장 기본적인 권리이다.

둘째, 정보를 제공받을 권리 즉 알 권리이다. 고객은 폭넓은 지식과 정보를 갖고 올바른 판단 하에 제품과 서비스를 선택하고 이용할 수 있어야 한다. 합리적 소비생활의 전제조건은 정보부족으로 인한 부당거래 및 피해로부터 해방되어야 함은 당연하다.

셋째, 선택할 권리이다. 개방시장의 환경 속에서 자유의사에 따라 작품과 서비스를 선택하고 구매할 수 있는 권리이다. 개방시장(Open Market)이란 자유롭고 공정한 시장조건 하에서 고객의 자유의사로 경쟁가격 비교우위에 따라 강매나 거짓정보 없이 선택되고 구매되는 시장이다.

넷째, 의견을 반영할 수 있는 권리이다. 고객은 구매한 작품이나 서비스에 대하여 불만을 전달할 수 있으며 구제받을 권리를 갖는다. 기업체 입장에서도 이들의 의견이나 불평을 수렴하고 서비스 전략에 반영하여 고객의 권리를 존중해 나가지 않으면 살아남기 어렵다.

다섯째, 피해를 보상받을 수 있는 권리이다. 고객의 작품과 서비스의 사용으로 인한 피해를 공정한 절차에 따라 적절한 보상을 신속하게 구제받을 권리가 있다.

여섯째, 교육받을 권리이다. 합리적인 소비생활을 영위하기 위하여 고객은 소비자 교육을 받아야 한다. 자주적이고 주체적인 소비생활을 통해 소비자권익은 보장되어야 한다. 기업을 포함한 관련기관은 소비자를 위한 교육을 시행할 의무가 있다.

일곱째, 고객은 스스로 권익을 옹호하기 위하여 단체를 조직하고 이를 통하여 그들의 활동을 자유롭게 행할 수 있는 권리를 갖는다.

여덟째, 고객은 쾌적한 환경 속에서 소비생활을 향유할 수 있어야 한다.

03 미용기업 고객관리의 이미지 메이킹

1) 이미지 메이킹의 정의

자신의 이미지를 다른 사람들에게 언제 어디서든지 그 상황에 필요한 사람으로 그 자신의 능력을 배가시켜주는 방향으로 연출하여 본질은 하나이지만 창출하여 만들어 낼 수 있는 이미지를 타인에게 투사할 수 있는 여러 방면으로 만들어내는 작업을 말한다. 이미지는 가시적 형태나 행동표현 등의 대상으로부터 느끼는 분위기, 감각, 연상 등 총체적으로 표현될 수 있으며, 인간들의 지각활동을 통해서 형성된다고 본다. 인간이 자극을 받아 느낌을 뇌 속의 이미지들과 결합과정을 거쳐 새로운 의미를 가지게 되는 것을 지각화 과정이라고 하는데 이때 부여된 의미를 이미지라고 할 수 있다.

즉, 이미지란 지각화 과정의 자극, 지각, 인지, 태도, 반응을 통해 주관적이며 선택적인 외부상황을 재 표현 한다고 본다. 그렇지만 단순화된 고정관념이 아니라 신뢰와 의지 또는 인상의 총합을 의미한다고 말할 수 있으며, 서로의 커뮤니케이션을 통해 표현되는 믿음이 더욱 큰 공신력이다. 때로는 타인에게 자신의 본질 속의 특성을 찾아내어 극대화 시켜보고 싶거나 오히려 남에게 보여주고 싶지 않아 깊이 감추고 싶어 하는 부분들의 총체적 느낌이 바로 이미지인 것이다. 이러한 이미지는 우리가 태어나면서부터 삶의 한부분이 되며 경험이나 학습을 통해 향상되어진다. 우리가 살고 있는 이 시대는 이미지의 영향력이 우리들의 개인행동과 사회문화를 형성해 나갈 만큼 크게 작용하고 있다.

현대사회에서 어떤 분야에서든 타인들에게 설득력 있는 메시지도 이미지를 활용할 줄 아는 사람이 성공하는 시대가 되었다. 이러한 현실 속에서 정치인, 기업인, 연예인, 스포츠맨 등 이름이 유명하게 알려지는 사람들만 이 대중들에게 인정받을 자격이 있는 게 아니라, 우리 각자의 삶에서도 제대로 이미지를 개선하고 활용할 줄 알아야 자신이 원하는 삶을 다져 갈 수 있다. 현대는 이미지시대라 할 수 있다. 우리 역시 시대에 맞추어 살아야 한다.

이미지의 시대에 살고 있는 우리는 자신의 삶을 성공적으로 이끌기 위해 자신의 이미지 관리에 좀 더 신중을 기해야만 한다. 이것은 나의 진가를 세상에 알리기 위해 서만이 아니라 성공적인 삶을 위해 꼭 필요한 작업이며 성공에 도달하기 위한 가장 빠른 지름길이 될 수 있다. 이미지 역시 만들어지는 것이다. 좋은 이미지를 창출하지 못한 개인이나 국가는 엄청난 손해를 볼 수밖에 없는 것이 현대 사회이다. 프랑스는 예술의 도시이며 향수의 고향으로 이미지가 만들어져 있다. 미국은 '자유의 여신상', 스페인은 '정열의 나라, 플라밍고', 네덜란드는 '풍차의 나라' 등 많은 문화 국가는 나름대로의 이미지를 가지고 있다. 각 나라의 이미지는 순전히 그 나라 문화의 소산이라 할 수 있다. 이처럼 개인의 이미지도 마찬가지이다. 타고난 것이 아니라 자신이 원하는 대로 보여주고 싶은 이미지를 스스로 만들어가야 한다. Image란, 실상과 허상, 균형과 조화이다. 즉 외형의 모습과 마음가짐, 매너가 조화를 잘 이루었을 때 가장 성공적인 이미지를 창출해 낼 수 있다.

(1) 이미지 메이킹의 모델링

자기 이미지를 통합적으로 관리하는 행위이자 자기향상을 위한 모든 노력을 말한다. 인간의 사고와 감정, 의지, 욕구, 등 본질의 내적 이미지와 밖으로 나타나는 현상인 외적 이미지와 사람과 사람 사이에 형성되고 영향을 미치는 관계 속에서 이미지를 통합적으로 관리하는 것이다. 외적인 이미지가 좋으면 남들로부터 호감을 얻게 되며 자연히 만나는 상대방과의 관계가 좋아진다. 상황에 맞는 자신의 그림을 잘 그려내는 방법으로의 이미지는 외적 및 내적 이미지로 분류한다. 용모, 표정들, 외면적으로 드러나는 이미지를 어피어런스(appearance)라 하고 이는 직접 경험을 통해 형상되는 것이고, 내적 이미지는 눈으로 볼 수 없는 정신적 형상을 의미하는데 이는 자신이 본 적이 없는 역사적 인물에 대한 이미지가 해당된다. 최영 장군, 이순신 장군, 신사임당 등에서 떠오르는 이미지는 외적 형상과 무관하게 생성되는 내적 이미지라 하겠다.

이미지 메이킹의 방법은 두 가지로 구분할 수 있는데, 있는 그대로의 모습으로 자신의 이미지를 만들어 가는 것이 그 첫 번째 방법이다. 수수하면 수수한 대로 자신을 드러내는 것으로 인간적이고 솔직한 것이지만, 자신의 진실 된 내면을 상대가 알게 되기까지는 많은 시간과 만남이 필요하다. 또한 많은 사람들에게 자신을 인식시키는 데 한계를 갖는 방법이라 하겠다. 또 다른 이미지 메이킹 방법은 자신과 유사한 인물을 모델링(modeling)하는 방법이다. 이미지의 어원인 image가 '모방하다' 의 의미를 지닌 어휘를 지녔음은 시사하는 바가 크다 하겠다. 우리의 모습에는 부모의 모습이 많이 담겨있다. 가장 가까이에 있는 부모님의 닮고 싶은 모습을 모방하고, 자신의 닮고 싶은 그리고 유사성이 있는 인물을 선정하여 그를 모방하는 것이다. 역대 미국 대통령 중 미국인에게 사랑받는 존재인 존 에프 케네디 대통령의 젊고 역동적인 이미지를 계승하는 전략을 수행한 빌 클린턴은 열세일 것이라는 당초의 예상을 뒤엎고 미국 대통령에 당선되었다. 이는 모방을 통해 자신의 이미지를 친근감 있게 구축한 전략의 승리이기도 한 것이다. 모방전략은 쉽게 자신의 이미지를 전달할 수 있다는 특성이 있으나, 장기적으로는 모방에서 끝나지 않고 자신의 개성이 더해져서 새로운 이미지를 구현하도록 해야 한다는 점이 중요하다.

(2) 이미지 메이킹의 5단계 설정

① 나를 먼저 알자

이미지를 창출하기 위해서는 자신 스스로를 먼저 구체적으로 파악해야 한다.

자신을 객관화함으로써 마케팅에서의 SWOT 분석처럼 자신의 장점과 단점을 파악하고 자신의 선택과 관련한 기회와 위험 또는 장애 요인을 파악하면서 그 흐름에 맞추어 자신의 장점을 극대화해야 한다. 자신의 장점을 극대화하는 것은 자신의 목표와 연관시켜야 하는 것은 물론이다. 자기소개서를 구체적으로 작성해 보는 것은 자신을 객관하고 자신의 목표를 재점검하는데 도움이 된다. 아울러 이 단계에서는 주위의 친한 사람들과 대화를 통해 평소 느낀 자신의 이미지 등에 대해 평가 및 조언을 구하는 것도 좋겠다.

② 자신을 위해 모델을 설정하자

이미지를 개선해가는 첫걸음은 모델링의 대상을 선정하는 것은 자신의 목표를 수립하는 것이다. 이미지를 형성의 목표를 세움으로써 자신이 추구해 나갈 방안을 구체화할 수 있다. 아울러 자신이 선택한 모델을 모방하는 것이 이 단계에서 함께 이루어져야 한다. 자신이 선택한 모델은 자신이 선호하는 것이고 모든 학습은 모방에서 시작된다. 서비스의 달인이라는 칭호를 받는 사람들의 모습과 행동을 모방하고 그와 관련한 끝없는 연구를 통해 자신의 발전을 도모하는 것이다. 또한 모방하는 과정을 겪으며 나아가 자신의 개성이 드러날 수 있도록 노력하여 궁극적으로는 자신만의 특성을 살릴 수 있어야 하는 것이다. 위대한 희극배우인 찰리 채플린은 독재자 히틀러의 모습을 완벽하게 재현하고 패러디함으로써 영화사에 불멸의 위치를 극복했다. 모델 선정은 단시간에 많은 사람들에게 쉽게 각인시킬 수 있는

만큼, 불특정 다수의 고객을 대하는 serviceman에게 꼭 필요한 부분이다.

③ 자신을 계발하자

이미지는 전체를 대신하는 일부분을 보여주는 것이다. 그래서 부분적인 이미지를 연출할 수도 있지만 바람직한 이미지는 궁극적으로는 연출이 아니라 자신의 실체가 자연스럽게 묻어나는 가운데 드러나는 일부여야 한다. 가식적이고 인위적인 연출이 아닌 그의 삶이 배어 있는 serviceman의 이미지야말로 고객을 존중하는 최고의 서비스가 될 것이고, 기교가 아닌 마음을 전하는 서비스가 최고의 서비스인 것이다. 따라서 자신의 완성을 위해 끝없는 노력을 경주하는 것이 중요하다. 서비스는 상대를 존중하는 것일 뿐만 아니라 궁극적으로는 자신의 발전을 가져오게 하는 것이다. 자기계발을 위해서는 무엇보다도 적극적이고 능동적인 사고가 필요하며, 자기 확신을 바탕으로 한 지속적인 노력이 병행되어야 할 것이다.

④ 자신을 아름답게 포장해야 한다

자신의 개성을 살리려면 이미지를 상황과 대상에 맞도록 표현하는 것이 이미지 포장 및 연출이다. 남성들은 인상이 좋은 여성과 결혼하기 위해서 한 단계 기준치를 높일 때마다 1년에 300만 원을 더 벌어야 한다는 것이다. 머리를 짧게 잘라 젤이나 왁스로 깔끔하게 손질한 갸름한 얼굴, 자신감 넘치는 눈빛을 가진 얼굴, 긴 생머리나 가벼운 웨이브 머리에 달걀형 얼굴, 자연스러운 미소를 지는 얼굴이 호감을 주는 여성의 모습이라고 제시하고 있다. 아울러 꽃미남, 미녀가 아니라 다소 평범하더라도 밝고 건강한 인상을 갖게 하는 상대에게 후한 점수를 주고 있다. '제 눈에 안경'이란 말이 있다. 이 말은 인상의 주관적 요소를 의미하는 것이다.

그러나 그것은 다른 요소가 작용된 것일 뿐 실제로 느끼는 인상은 대다

수가 공감한다는 것을 자료에서는 제시하고 있다. 이미지란 그런 것이다. 자신의 머리는 자신의 의지에 따라 덥수룩한 장발을 할 수도 있고, 농성중인 근로자처럼 삭발할 수도 있다. 그러나 맞선 장소나 면접시험장에서 자신의 스타일을 고수할 수도 없다. 객관성이나 보편성이 있기 때문이다. 이러한 자료를 바탕으로 상황이나 대상에게 맞는 이미지를 연출하는 것이다. 자신에게는 장발, 삭발, 생머리, 파마머리, 모두 자신의 모습이다. 그 중에서 선택하여 보여주는 것이 연출이다. 분명히 허상이고 부분적인 이미지지만 현실에서 그것이 전체로 인식되어 중요하게 작용하는데 그 이미지에 무관심하다면 현대인으로서 문제가 있는 것이다. serviceman의 이미지는 더 말할 나위가 없다. 무형성을 지닌 서비스를 대상으로 제공할 수 있으려면 serviceman 다운 이미지를 확실하게 구축하고 연출해야 한다. 그래서 고객의 선택을 위한 유형적 단서로 작용하여 신뢰감을 형성함으로써 고객으로 만들 기회를 얻게 되는 것이다. 상대에게 호감을 주고 신뢰를 생성할 수 있는 이미지의 연출이야말로, 특히 이미지의 시대라 할 수 있는 현대를 살아가는 우리에게 중요한 것이라 하겠다.

⑤ 자신을 상품화하자

현대 사회는 마케팅의 시대이다. 아무리 좋은 물건을 만들어도 마케팅에 실패하면 그 상품은 제 가치를 평가받지 못하는 것이 이 사회의 특징이다. 이미지 메이킹의 마지막 단계는 바로 자신의 가치를 상대에게 인식시키고 높은 평가를 받아서 자신을 찾도록 하는 것이다. 마케팅에서 선행되어야 할 것이 품질의 확보이듯이 serviceman 역시 자신의 능력을 상품화할 수 있어야 한다. 상품화에서 그치는 것이 아니라 부단한 자기계발을 통해 끝없이 발전시키며, 자신을 브랜드화해야 한다. 보기에는 비슷해 보이는 상품도 브랜드를 가지면 백화점에 진열되지만, 브랜드가 없으면 좌판에 내몰려 제 가치를 받을 수 없는 경우가 많다. 백화점에는 수많은 브랜드가 경쟁을 한다. 그리고 그 중의 몇몇은 가장 좋은 위치에서 고객의 눈길을 끌면서 자리한다. 그것이 명품이다. 보기에는 비슷해 보이는데 명품이라는 브랜드를 가지면 그것의 가격은 일반 상품보다 훨씬 높은 가격에 구입되며 고객은 그것에 만족을 느끼고 자부심을 느끼기까지 한다. 마찬가지로 serviceman은 자신의 서비스를 명품화해야 한다. 그러고자 서비스를 제공하는 자신을 명품으로 만들기 위한 각고의 노력이 필요하다. 명품은 하루아침에 만들어지는 것이 아니다. 저마다 장인의 혼이 담기고 오랜 시간 동안 고객의 호감을 유지하는 가운데 인정된 것들이다. 고객이 자신의 서비스를 높은 가격을 지급하더라도 구매할 수 있도록 하려면 장인의 정신으로 자신을 단련시켜 가야 할 것이다. 자신을 상품화하라. 그리고 브랜드화하라. 그것이 서비스 분야에서 성공을 꿈꾸는 당신에게 더욱 넓은 길을 열어 줄 것이다.

(3) 이미지 특성과 훈련

우리가 늘 품고 다니는 것은 우리 자신뿐이다. 지금 우리가 살고 있는 이 시대는 이미지의 영향력이 우리 개인의 행동과 사회 문화를 형성해 나갈 만큼 크게 작용하고 있다. 즉 이미지를 잘 활용할 줄 아는 사람이 성공하는 시대에 와 있다는 얘기다. 이런 이미지는 우리가 태어나는 순간부터 삶의 한 부분이 되며 경험이나 학습을 통해 향상되어진다. 21세기는 이미지를 어떻게 창출하느냐에 있어 자신의 브랜드 가치가 달라지고 있는 현실을 부인할 수 없다. 또한 빠른 정보 전달로 인해 사람들 간의 커뮤니케이션도 가속화되어 있는 지금 우리가 어떤 위치에 있든 어떤 상황에 있는 순간적인 이미지 전달이 얼마나 큰 위력을 발휘하는가를 알고 자신이 원하는 이미지를 창출하여 보다 성공적인 삶에 다가갈 수 있어야 한다. 그러므로 기업들은 이미지 목표를 명확히 설정하고 사소한 데까지 세심한 주의를 기울여 보다 긍정적인 이미지창출에 심혈을 기울여야 할 것이다. 일반적으로 기업의 이미지는 직접적인 이미지와 간접적인 이미지로 나뉠 수 있다. 직접적인 이미지는 건물 디자인, 상호, 유니폼, 명함 등에 의해 형성되어진다.

즉 광고, PR, 이벤트 사업 등 대중매체를 통해 보여주는 의도적인 이미지이다. 간접적인 이미지는 회사의 경영방침, 사장의 경영철학, 사원들의 행동 등을 통해 대중들이 느끼는 이미지이며 기업의 윤리성, 노사 대화, 이익 분배, 사원들의 자질 등을 들 수 있다. 이러한 기업의 전체적인 이미지는 상품판매, 신입사원의 모집과 선발, 외부로부터의 투자 유도 등의 기업 활동에 중요한 영향을 미친다. 기업 이미지는 아주 사소함에도 그 평판이 형성되므로 고객의 불평이나 불만족뿐만 아니라 사소한 배려도 이미지 형성에 중요한 요인이 되고 있음을 잊지 말아야 한다. 기업의 이미지를 창출하기 위해선 PR 자체에 대한 고도의 지식은 물론, 창출된 이미지에 맞게 내심을 기하려는 사원 개개인의 노력이 필요하다. 미국은 지난 20여 년 동안 사원이나 종업원들이 회사의 이미지를 나타내고 있다는 것을 주목하면서 그에 따른 회사 방침을 세우고 있으며 최근 우리나라에서도 일반 기업체나 서비스업체에서 고객 서비스 교육의 필요성이 강조되는 것도 모두 다 기업의 이미지를 향상시키기 위한 방법의 하나라고 할 수 있다. 이와 같이 현실 속에서 기업 이미지는 고객을 불러들이며 그들이 다시 오게끔 하는 중요한 마케팅 전략이다. 과거에 소비자를 설득해서 판매와 결부시키는 광고에 의지했다면 이제 소비자의 감성에 호소하여 상품이나 기업에 대한 호감도와 지명도, 친근감을 높임으로써 궁극적으로 판매촉진을 도모하는 이미지 광고에 의지해야 하는 시대이다. 이제 기업은 소비자의 감성을 유혹할 수 있는 기업 이미지 마케팅에 주력해야만 이지미가 경쟁력인 시대에 성공한 기업의 대열에 오를 수 있을 것이다.

2) 이미지 메이킹 컨트롤

'이 세상 최고의 브랜드는 당신이다.' 내가 누구이고, 어떤 사람이며 또 무엇을 잘하는지, 간단명료하게 정의하고 표현하는 말이다. 즉 나의 가치를 분명하게 남들 앞에 보여줄 수 있어야 자신의 정체성과 몸값을 올릴 수 있다. 현대사회는 개인이 브랜드화가 되어 있는 사람을 요구한다.

경영학자 톰 피터슨은 "마케팅에서 차별화가 점점 더 어려워지고, 경영자들의 진보 속도가 갈수록 빨라지고 있다. 따라서 브랜드의 가치는 계속 오르게 될 것"이라고 브랜드의 중요성을 설파한다. 브랜드는 제품의 속성과 이미지 총합이다. 이것은 결과적으로 믿음의 도구가 된다. 좋은 브랜드는 그 이름만으로 소비자들이 해당 제품을 구매하게 유도한다. 즉 믿음으로 구매를 유도하는 것이다. 그렇다면 개인의 브랜드화는 무슨 의미일까?

개인 브랜드를 갖기 위해선 재능과 자신의 능력을 정확히 인식하고 이를 세상에 정확히 알려주는 적극적인 개인이어야 한다는 얘기다. 즉, 인맥을 네트워크화 해야 하고, 자기를 가치 지향적으로 주변에 알려야 한다. 그래야 필요할 때 찾아주며 그 사람의 일을 가치있게 생각해 준다. 자기개발만으로는 부족하다. 이제 스스로를 브랜드로 만드는 것이다.

현대는 개인 브랜드의 시대이기 때문이다. 이미지의 시대에 살고 있는 우리는 자신의 삶을 성공적으로 이끌기 위해 자신의 이미지 관리에 좀 더 신중을 기해야만 한다. 이것은 나의 진가를 세상에 알리기 위해서는 보다 성공적인 삶을 위해 꼭 필요한 작업이며, 성공에 도달하기 위한 가장 빠른 지름길이기 때문이다. 그러나 명품이 하루아침에 만들어 지는 것이 아니듯 브랜드파워를 가진 이미지란 쉽게 얻을 수 있는 것이 아니다. 자신에 대한 확신과 신뢰를 바탕으로 오랜 시간을 두고 서서히 형성된 수많은 풍성한 지식과 정신적 노력이 농축되어 있어야 한다. 즉 부분적인 것이 아니라 총체적인 것이며, 일시적인 것이 아니라 연속적이며 구체적인 것이 아니라 추상적인 것이다. 그러나 정해져 있는 최상의 이미지가 존재하는 것은 아니다. 늘 같은 이미지만을 고집할 수도 없다. 다만 다른 사람과 비교되지 않는 자신만의 이미지를 끌어내는 노력이 필요할 뿐이다. 또한, 상황에 맞는 순발력 있는 매너의 습득의 이미지와 매너가 성공을 좌우하는 치열한 경쟁 속에서 단연 돋보이는 존재가 될 수 있을 것이다. 이제 자신의 이미지의 브랜드를 결정할 때이다. 자신이 갖고 있는 트레이드마크의 이미지인가 변신을 택할 것인가를 선택해야 할 필요가 있다.

3) 이미지 메이킹의 분석 관리

'나의 미래는 자신만이 만들 수 있으며, 나의 매력은 나만이 끌어낼 수 있다.' 평소에 내가 쓰고 있는 힘은 전체의 10%에 지나지 않고 나머지 90%는 잠재되어 있다. 자신의 매력도 깊숙한 곳에 숨겨져 있기 때문에 진짜 자신의 매력을 모르는 채 살아가게 되는 경우가 많다. 특히 평소의 생활 속에서 부정적인 생각이 습관화되어 버린 사람이나 소극적 행동밖에 못하는 사람은 더더욱 그러하다.

자신의 매력의 능력을 끌어내기 위해 이미지를 조절하는 훈련을 이미지 컨트롤법이라 한다. 교육방법은 스포츠교육, 산업, 의학 등 많은 분야에서 활용되기도 하며 과학적이고 실천적이며 효과가 크다.

첫째, 자기의 모습을 거울에 비춰보고 버려야 할 자신과 살려야 할 자신을 음미한다. 그리고 조금씩 자기가 원하는 동경의 이미지로 접근해 간다. 이것이 첫 번째 변신법이다. 예를 들어 컴퓨터 게임은 잘했지만 공부는 엉망이었다면 게임을 하다 부모님께 꾸중 들었던 기억은 버리고 게임에 열중해서 좋은 결과를 얻었던 기억만 남겨둔다. 게임에 열중할 수 있었다는 건

무슨 일에나 열중할 수 있는 능력을 가졌음을 뜻한다. 목표를 향해 집중할 수 있는 능력을 계속 이미지화 해둠으로써 자신과 용기가 솟아나게 되고 꿈이 부풀어 뭔가 가능성이 넓혀져 감을 느끼게 된다.

둘째, 플라시보(placebo) 효과를 활용해 본다. 플라시보 효과란 눈을 가리고 1m 상공의 헬기에서 높은 곳이라고 말한 뒤 떨어뜨리면 겨우 1m 상공에서 추락사를 한다. 즉 영양제를 진통제라고 속이면 통증이 낫는 것처럼 자신이 믿는 대로 변화되어진다는 것이다. 자신이 매력적이라고 믿음으로써 그 이미지를 머릿속에 그려놓는 것만으로 매력적인 이미지를 만들 수 있다. 이렇듯 '이렇게 되고 싶다' '이렇게 하고 싶다' '이런 것을 갖고 싶다'고 미래의 이미지를 그려서 행동하면 반드시 연출한 대로의 인간이 된다는 것이다. '나는 매력적이다', '나는 성공한다.' '나는 할 수 있다'고 외친다. 이미지가 행동을 일으키고 행동이 이미지를 확실하게 하므로 자기가 믿는 이미지대로 변화하게 될 것이다.

(1) 외형적 이미지

첫 만남은 단지 몇 분 안에 상대방에 대한 개인의 이미지를 굳혀 버리게 된다. 현실 생활에 있어서 이미지는 한 개인과는 불가분의 관계에 있다. 특히 사람을 처음 만나서 받은 이미지는 뇌리 속에서 쉽게 사라지지 않는데, 우린 처음 만난 사람에게서 무엇을 찾고 있는 것일까? 몇 분, 아니 불과 7초에 이내에 이미지가 결정된다고 하는 학자도 있다. 이 짧은 순간에 아무 대화가 없더라도 눈으로, 얼굴로, 몸으로, 태도로, 느낌으로 커뮤니케이션이 이루어지는 것이다. 이렇듯 첫인상에 성공했다고 해서 성공이 이루어진 것은 아니다. 하루 24시간 자신의 행동은 자신이 이미지를 만들어 가며 자신의 삶을 형성해 가고 있으므로 매일매일 자신의 이미지 향상을 위한 노력을 게을리 하지 않아야 한다. 그럼 첫인상을 결정짓는 요인들을 살펴보고 자신의 이미지와 비교분석하여 자신이 전달하고 싶은 첫인상의 이미지를 선택해 보도록 한다.

(2) 색 이미지

첫인상을 좌우하는 가장 중요한 요인은 바로 시각적인 판단이다. 눈을 통해 얻어지는 첫인상의 정보는 계속된 만남에 있어 끊임없는 정보를 제공한다. 시각적인 정보는 제일 먼저 색에 의해 인식되어 지는데 색에는 사람의 마음을 움직이는 효과가 있는 미묘한 특성이 있기 때문이다. 색으로 받은 인상은 색채에 따라 다르며 감정도 다양하게 느껴지는 경험을 해 보았을 것이다. 색을 선택할 때는 단지 색채감각만으로 그치는 것이 아니라 그 색의 감정효과까지 의식해야 한다. 우리가 생활에서 '색'의 중요성이 강조되어 온 것은 이미 오래 전의 일이다. 이미 기업들도 기업의 이미지를 인식시키기 위해 다양한 색의 효과들을 활용하고 있으며, 이는 색을 잘 활용한다면 자신의 이미지를 최대한 끌어 올릴 수 있을 것이며 상대방에게 호감을 주는 첫인상을 인식시킴으로써 보다 성공적인 커뮤니케이션을 이끌어갈 수 있다. 사람은 태어나면서 부터 유전에 따라 결정된 피부색을 가지고 있다. 이 유전적인 피부 바탕색은 절대 변하지 않는다. 즉 멜라닌(밤색), 카로틴(노란색), 헤모글로빈(빨간색) 등의 3가지 색소가 합해져 자신만의 고유의 색을 갖게 된다. 이 바탕색을 기초로 해서 자신이 타고난 색이 파란색 계통(차가운 사람)인가, 노란색 계통(따뜻한 사람)인가를 구분해 내는 것이다. 자신의 타고난 색을 구별해서 자신과 가장 잘 어울리는 색을 찾아내는 작업을 색채진단이라고 한다. 사람들은 본능적으로 자신에게 어떤 색들이 가장 잘 어울리는지 알아낸다. 자기의 색을 찾는다는 것은 자신에 대한 자긍심을 갖는데 큰 효력이 있다.

(3) 퍼스널 컬러 이미지

사람은 각자 태어나면서 부터 자신만의 색을 가지고 있다. 눈동자, 피부, 머리의 컬러는 어울리는 패션과 메이크업 컬러를 결정지어 그 사람만의 고유한 이미지를 만들어 낸다. 아무리 아름다운 컬러라고 해도 자신이 가지고 있는 색과 완벽한 조화를 이루지 못하면 진정한 아름다움을 실현할 수 없다.

퍼스널 컬러진단 시스템(PCS/Personal Color System)은 개인의 색채 이미지를 과학적이고 체계적인 과정을 통해 객관적으로 분석한다.

컬러이미지, 퍼스널 베이직 컬러(Personal Basic Color)를 기본으로 계절 유형, 성격, 연령, 환경 및 얼굴형을 분석하여, 베이직 컬러(Basic Color), 베스트 컬러(Best Color), 워스트 컬러(Worst Color)로 세분화시켜 사용한다. 이렇게 세분화된 색상은 개인의 메이크업, 헤어, 의상, 소품 및 개인의 정서와 생활환경에 모두 활용하여 외적이 아름다움은 물론 내면의 안정과 건강을 지켜준다.

빠르게 변해가고 있는 21C 시각적 감성 정보화시대에 남보다 신속하고 정확한 이미지 전달을 위하여 첫인상과 긍정적인 이미지 연출이 매우 중요시 되고 있다.

처음 만난 상대방의 이미지를 파악하는데 불과 3~15초가 걸리는데 이것을 스냅(Snaps) 현상이라고 한다. 스냅 현상은 우리 인간의 뇌에서 장, 중, 단기적으로 기억하는 현상으로 한 번 각인된 첫인상은 상대방에게 짧게는 6개월에서 길게는 2~3년까지 인식이 되어 처음 받은 이미지가 바뀌기란 매우 힘든 일이다. 이러한 스냅 현상에 있어서 상대방의 인상을 결정짓는 가장 큰 역할을 하는 것이 바로 컬러이다. 그러므로 적절한 컬러, 즉 자신의 이미지를 극대화시켜 주는 퍼스널 컬러를 통한 이미지 연출은 현대 사회에서 묵과할 수 없는 필수요소라 할 것이다.

Chapter 11

미용기업경영 내부고객 관리의 중요성

eauty Administration & Customer Relationship Management

초우량 기업이 되는 8가지 조건

- 행동하고, 수정하고, 시도하는 직원을 고무한다.
- 당신이 서비스를 제공하는 고객에게 배운다.
- 기업정신과 자율성을 장려한다.
- 실무에 직접 참여한다.
- 생산성에 핵심이 되는 직원을 소중히 여긴다.
- 꾸준히 성실하게 능력을 계발한다.
- 조직을 단순화하고 직원 수를 최소화한다.
- 직원 관리는 당근과 채찍을 동시에 활용한다.

– 톰 피터스(Tom Peters) 경영컨설턴트

Chapter 11 미용기업경영 내부고객 관리의 중요성

01 미용기업 경영의 내부조직 관리

1) 미용기업 경영자의 리더십

(1) 리더십의 정의

미용기업의 경영자는 사람을 움직이고 조직을 움직이게 함으로써, 자신이 계획한 목표를 달성하기 위해서 팀원이나 상사에 대해서도 또 타 부문에서도 영향력을 적극적으로 추진해 나가지 않으면 안 된다. 이 추진력을 '리더십'이라고 한다. 한마디로 리더십이라 해도 상하 간의 질서와 부문 간에는 거리가 있으며, 이해관계도 일치하지 않으므로 그렇게 쉽게 상대방을 움직이게 할 수는 없다. 또 생활의 복잡함이나 가치관의 변화도 리더십의 발휘를 어렵게 만들고 있다. 그래서 더욱이 경영자에게 리더십이 중요하게 여겨지고 있는지도 모른다. 리더십의 형태는 시대와 상황에 따라 달라지기도 하지만 경영자의 유형에 따라 달라지기도 한다. 리더십에 관해서 오래 전부터 다각적으로 연구하고 있었으며, 또한 여러 가지 정의가 내려져 왔다. 종래에는 '팀원을 움직이기 위한 지도력, 통솔력'이 리더십이라 일컬어져 왔다. 한편 경영자의 일도 다양화되어 지며, 또한 복합화가 심화되고 있으므로, 팀원에게 권한을 위양하지 않으면 일은 진행되지 않을 것이다.

또한, 팀원뿐만 아니라 상사나 타부문의 사람들도 움직이지 못하면 일이 진행되지 않는다. 이와 같은 상황 속에서 과거의 지식이나 경험에 매달리거나 인간성이나 권한만으로 리더십을 발휘하려 한다면 시대에 뒤떨어지고 만다.

(2) 조직을 움직이는 지도력

리더십의 정의는 '지도력'이자 '통솔력'이었으나, 새로운 정의로는 상황에 따라 행사하게 되는 것으로, '커뮤니케이션을 이용하여 팀원 또는 팀원 집단의 목표를 향해 움직이게 하는 영향력'이라고 폭넓게 정의하게 되었다. 즉 사람을 움직이는 영향력의 유·무에 따라 리더십이 좌우되는 것이다. 이와 같은 사고방식은 리더십이 상황에 따라 달라진다고 하는 상황론에서 나온 것이다. 이는 종래의 개인적 자질을 중시한 자질론과는 근본적으로 다른 것이다. 이런 사고방식으로는 지도력이나 통솔력도 상황에 따라 필요해지므로 영향력 일부가 된다고 생각할 수 있다. 그리고 팀원을 끌어당기는 것만이 아니라, 뒤에서 밀어주고 앞에서 조언을 해주며, 일하기 좋은 환경을 만들려고 혹은 상사나 타부문과의 연결자가 되어 필요한 정보를 제공하는 것도 리더십에 포함된다. 결론적으로 리더십은 이러한 것들을 상황에 맞추어 잘 구별하여 추진하는 것이다. 예를 들면, 경영자의 일 처리 방식이나 지시가 상황과 맞지 않거나, 한 시대 이전의 방법이거나, 팀원의 의향과 맞지 않는 것이라면 어떻겠는가. 경영자의 처리방식에 의문을 갖게 될 뿐만 아니라 지시나 방침에 따르지 않게 된다. 확실히 권한만으로 팀원을 움직이는 것은 가능하나, 그것만으로는 진정한 영향력의 발휘라고 할 수 없다. 이러한 정의에 따르면 리더십은 팀원에 대해 행사하는 영향력으로 국한되어 있으나, 조금 더 폭넓게 해석한다면 상사나 타부문의 사람을 움직이게 하는 것도 리더십이라는 말이 된다. 오히려 상사나 타부문의 사람을 효과적으로 움직이게 하면, 팀원은 경영자의 영향력을 인정하여 자연스럽게 리더십을 발휘할 수 있게 된다. 우수한 경영자일수록 이러한 검증하는 능력, 뒤돌아보고 반성할 줄 아는 능력과 유연성을 가진다는 것을 잊어서는 안 된다.

(3) 비전 지향적 리더십

비전제시능력은 조직원들에게 미래에 대한 꿈과 희망을 품게 함으로써, 조직 내 잠재적인 성장 동기를 유발시키는 것을 말한다. 모든 사람은 무한한 잠재력을 지니고 있으며, 리더는 이들에게 비전을 가지도록 하여 그 재능과 창조성이 분출될 수 있도록 해야 한다. 즉 비전이란 미래에 조직이 나가야 할 방향에 대한 조직원들 간에 공유된 목표의식이며, 개인적으로 진취적인 마인드를 가지고 비전을 소유하게 되면 비전을 실현하려고 행동 조직이 살아 움직일 것이고, 조직에서 높게 평가받아 이러한 일련의 과정을 통해 개인들은 권한을 소유하게 되며 역할이 진작 되는 것이다. 이것은 조직원들을 획일적인 기준으로 생각하는 것이 아니라, 개개인에게 사랑과 관심을 두고 각자의 희망찬 욕구를 진중한 관심 속에서 조직원들에게 동기유발을 시키는 것을 말한다. 미용기업들은 미래에 대한 비전공유와 이를 달성하기 위한 적절한 리더십 개발프로그램을 통해 체험적으로 개발·학습이 돼야 한다고 본다. 지난날 리더의 자질에 치중하는 규격화된 리더십은 지금처럼 급변하는 작업환경에 적합하지 않으며, 21세기 성공적 리더십은 미용기업이 지향하는 전략과 비전에 맞게 조직원들에게 끊임없는 혁신과 변화를 유도할 수 있어야 한다. 따라서 성공적인 리더십을 소유하게 하려는 미용조직의 최고 경영자는, 항상 조직이 지향하는 방향변화를 이들에게 알려주는 방향타 역할을 충실히 해야 하며, 단순한 자질 시비와 지시 명령에 의해서는 이들로 하여금 성공적인 리더십을 가지게 할 수 없다는 것을 인식해야 한다.

(4) 임파워링 리더십

임파워먼트란, 실무자의 업무수행 능력을 재고시키고 경영자들이 지닌 권한을 실무자에게 이양하여 그들의 책임범위를 확대함으로써 조직원들이 보유하고 있는 잠재능력 및 창의력을 최대한 발휘하도록 하는 방법이라고 말할 수 있다. 급변하는 경쟁사회 속에서 상황 판단을 신속하게 인지하고 적절하게 대응하는 조직원들의 능력이 기업성공의 가장 중요한 부가가치로 부각되고 있다. 시대에 따라 임파워먼트의 실행을 통해 기업은 다음과 같은 효과를 얻을 수 있다.

첫째, 조직원의 보유능력을 최대한 발휘하게 하고, 그들의 직무몰입을 극대화할 수 있다.

둘째, 업무 수행상의 문제점과 그 해결 방안을 가장 잘 아는 실무자들이 고객에게 적절한 대응을 하게 되므로 품질과 서비스 수준을 제고할 수 있게 된다.

셋째, 고객과 접점에서의 시장 대응보다 신속하고 탄력적으로 이루어진다.

넷째, 지시, 점검, 감독, 감시, 연락, 조정 등에 필요한 능력과 비용이 줄어들기 때문에 코스트가 절감된다.

2) 미용기업 조직구성원의 특성 분류

(1) 인적자원의 활용 방법

미용기업에 소속되어 있는 기업조직원들은 기업목표에 따라서 권한, 책임, 역할 등을 명확히 부여받고, 공식적으로 기업 속에서 여러 사람과 관계를 맺으며 직무를 수행한다. 그러나 조직원들은 다양한 욕구를 충족시키려고 기업 내의 공식적인 채널인 직종과 계층을 뛰어넘어 여러 사람과 대화를 하고 인간적인 유대를 맺으려고 한다. 기업 내에서 뛰어난 능력을 갖춘 사람이 누구이며, 미용조직원들이 이 사람들에게 어느 정도 문제해결을 의존하고 있고, 기술적인 정보를 받고 있는 지를 알려준다. 한 기업의 일상적 운영활동에 가장 큰 영향을 미치는 사람들이 누구인 지를 알아두어야 할 것이다. 이는 기업이 일상적인 업무를 변화시키려 할 때 반드시 고려해 두어야 할 유용한 자료이다. 기업 내 파워관계와 관련된 중요한 정보를 조직원들이 어떻게 교환하며, 어려울 때 서로 어떻게 협조하는가를 알고 있으면, 기업이 왜 성과를 제대로 나타내지 못하는가? 등의 원인을 밝히는데 도움을 준다. 조직원들이 서로 업무에 관계되는 사항들을 정기적으로 어느 정도 이야기하고 있는가를 지켜보며 서로 업무에 관계되는 사항들을 어느 정도 이야기하고 있는가를 보여줄 것이다. 이 조직원간 정보 흐름의 양상, 자원의 비효율적 배분 정도 또는 새로운 아이디어가 나오지 못하는 정도 등을 알아내는 데 도움이 된다.

경영자들은 위의 네트워크를 관련지어 분석함으로써 그동안 전혀 알지 못했던 비공식적 관계의 구조를 이해할 수 있으며, 기업 내에서 일어나는 문제점을 해결하여 성과개선을 이루는데 큰 도움을 얻을 수 있다. 따라서 기업 내에서 공식적인 면과 더불어 자연스럽게 비공식적인 네트워크가 형성된다. 회사의 공식적인 면에는 미용기업의 목표, 기술, 구조, 정책 및 절차, 재무자원 등이 포함되고, 비공식적인 면에는 신념, 가치, 감정, 집단규범, 비공식적 상호작용이 포함된다. 특히 조직원 간의 온정을 바탕으로 한 친밀한 인간관계를 중시하는 한국 사회의 풍토에서는 비공식적 관계의 중요성이 매우 크기 때문에 이를 관리하는 데 경영자들은 큰 관심을 두어야 한다. 따라서 비공식적인 면 중에서 가장 중요한 요소의 하나인 조직원 간의 상호작용을 통해서 형성되는 비공식적 네트워크에 초점을 맞추어 좀 더 심도 있게 살펴보고자 한다.

첫째, 인적자원은 합리적이고 무리가 없는 조직, 최소의 인원으로 기업 목적이 달성되는 조직을 어떻게 설계하는가가 문제이다. 이것은 인적자원의 효율적 활용을 위한 합리적인 측면에서 조직설계와 직무설계의 중요성을 지칭하고 있다.

둘째, 기업 안에서 일하는 사람들이 일하기 쉽고, 일하는 보람을 느끼고, 그 능력을 완전히 발휘할 수 있는 그러한 조직이다. 여기에서는 일하는 사람들의 의욕을 자극하고, 행동을 일으키게 할 수 있는 환경으로서의 조직을 어떻게 하여 만들어 내느냐 하는 것이 문제이다.

조직은 그 구성원을 빼놓고는 생각할 수 없으며, 인적자원의 관리는 조직의 실체가 없이는 생각할 수가 없다. 이처럼 인적자원과 조직은 밀접한 관계를 맺고 있으므로, 개발관리를 통해 개발된 인적자원을 효율적으로 활용하려면 인적자원의 특성에 적합한 조직설계 및 직무설계 그리고 이상적인 조직풍토 및 문화의 정립이 이루어져야 한다. 그들은 조직설계를 기계적 모형에서 유기적 모형에 이르는 연속선상에 분류하고, 직무설계는 단순에서 복잡에 이르는 연속선상에 분류한다. 그리고 조직구성원의 특성은 성장욕구의 강도로 나타냈다. 이러한 예측은 직무만족과 종업원 성과가 조직, 직무설계 그리고 개인적 특성 간의 적합성의 함수로서 서로 상이해야 한다는 적합성 개념에 근거하고 있다. Porter 등은 만족과 성과의 가장 높은 수준이 2개의 완전히 적합한 상황, 즉 '유기적 설계-복잡한 직무-고성장 욕구'와 '기계적 설계-단순한 직무-저성장 욕구'의 상황 하에서 관찰될 것으로 예측한다. 이 점에 근거하여 다음과 같은 실천적 지침을 제시할 수 있다. 만약 기계적 조직이 있고 조직구성원이 낮은 성장욕구를 가지고 있다면 일상적인 직무설계(routine job design)가 이용되어야 한다. 그리고 만약 유기적 조직이 있고 조직구성원이 높은 성장욕구가 있다면 직무충실화(job enrichment)가 사용되어야 한다.

(2) 단결된 조직은 강한 힘이 있다

단결된 조직은 그렇지 않은 조직보다 몇 배나 뛰어난 성과를 낸다. 조직의 단결력을 키우려면, 조직에 소속되어 있다는 것에 자부심을 느끼게 해주어야 한다. 자부심은 자신의 조직이 자기분야에서 최고라는 느낌이 들어야 생길 수 있다. 만약 자신의 조직이 경영컨설팅을 원한다면 구성원 모두가 자신이 세계 최고의 경영컨설팅 회사의 일원이라고 느껴야 한다. 업종에 상관없이 적용되는 원칙은 똑같다. 조직구성원 모두가 자신이 그 분야 최고 조직에 속해 있다는 느낌이 들어야 한다. 당신의 기업이 최고라고 믿게 하면, 실제로 어떤 식으로든 최고가 된다. 이것은 그리 어렵지 않다. 비결은 조직에 중요한 한 요소에 역량을 집중하여 거기서 최고가 되도록 노력을 기울이는 것이다. 판매량, 생산단위 수상기록 등 눈에 보이는 숫자로 나타낼 수도 있다. 이렇게 양으로 측정하는 것을 계량이라고 한다. 하지만, 기업 구성원의 자신들이 최고라고 믿을 수 있는 타당한 이유만 있다면, 눈으로 확인할 수 있는 지표가 아니어도 상관없다.

그 이유는 다음과 같은 것들이다.

① 가장 열심히 일한다.

② 가장 빠르다.

③ 가장 친절하다.

④ 가장 철저하다.

⑤ 가장 창조적이다.

⑥ 가장 생산적이다.

⑦ 가장 최장시간 일한다.
⑧ 가장 힘든 임무를 맡고 있다.

'우리가 최고'라고 자부심을 느끼게 하는 것은 리더인 당신에게 달렸다. 기업구성원들에게 그들이 가장 잘할 수 있는 일을 맡겨라. 그들의 기술과 자부심이 늘어가는 것을 보아가며 점점 더 어려운 임무를 맡겨라. 헤어스타일리스트 체인업체인 수퍼컷츠(Supercuts)의 CEO이자 회장인 벳시 버튼(Betsy Burton)은 회사가 위기에 처했을 때에 이렇게 말하였다. '리더'는 조직이 그저 잘하는 분야가 아니라 뛰어난 분야에 집중하도록 이끌어야 한다. 뛰어나다는 것은 '최대'를 의미하는 것이 아니다. '최고'라는 뜻이다.

뛰어나다는 것은 완벽하다는 뜻이 아니라 좋은 일, 궂은 일을 무릅쓰고 다시 뛰어오르는 것을 말한다.

(3) 성공적 성과에는 포상과 상징을 표현하라

물론 항상 임무를 성공적으로 해내는 것은 아니다. 조직원이 일을 잘했을 때는 꼭 그에 상응하는 포상을 해주어라. 그리고 크든 작든 조직 전체에 모든 성과를 알려라. 포상에는 여러 가지 형태가 있다. 공식 표창장도 하나의 방법이다. 하지만, 때로는 짤막하게 손으로 쓴 쪽지나 말로 하는 칭찬도 고맙게 받아들여진다. 조직은 모토, 이름, 심벌, 슬로건을 장려할 수도 있으며, 또 그렇게 해야만 한다. 이런 것들은 실제를 나타낸다. 국가를 부를 때, 펄럭이는 국기를 볼 때면 가슴이 벅차오르고 때로는 눈물이 맺히는 것도 바로 그런 이유다. 자기나라 국가가 아름다운 노래이고 국기가 예술작품이어서 감동하는 게 아니다. 상징성을 빼면 깃발은 단순히 알록달록한 천 조각에 불과하다. 하지만 여타 상징물들이 막강한 힘을 갖는 것은 상징성 때문이다. 리더는 그러한 아이콘(모토, 심벌, 이름, 스로건)들을 기회가 있을 때마다 장려해야 한다. 그것들은 우리가 누구인지, 우리 자신들에게 그리고 다른 사람들에게 각인시켜주기 때문이다. 그러기에 "깃발 아래 모인다."라는 말이 의미 없는 문구가 아니다.

(4) 조직의 가치를 확립시켜라

조직의 가치와 의의를 확립함으로써 단결력을 높일 수 있으며, 조직의 좋은 점에 대해서 얘기할 게 많으면 많을수록 좋다. 사람은 누구나 승자팀에 속하고 싶어 한다. 패자라고 여겨지는 조직에 속하고 싶어 하지 않는다. 그러므로 과거를 기반으로 하여 당신의 기업을 승자의 위치에 세울 수 있다면 강하고 단결된 조직으로 키우기 쉬울 것이다. 리더가 할 수 있는 일은 이것이다. 조직의 지난 역사에서 좋은 점을 조사해 찾아내라, 당신의 조직은 어떤 전통을 가지고 있는가? 과거 조직의 성과 중에서 증진시킬 수 있는 게 무엇인가? 많이 찾아낼수록 좋다. 항시 내가 증진을 얘기하고 있음에 주의하라. 일단 당신 기업조직에서 이런 정보를 찾아냈으면 그것을 사용해야 한다. 당신의 조직구성원 모두가 자기들이 몸담는 조직이 얼마나 괜찮은지 알기를 바란다. 이런 정보를 뉴스레터로 만들어 공표하라. 게시판에도 붙여놓고 직원회의에서 이 내용을 낭독하라. 조직원들을 분발하게 할 수 있는 가능한 모든 방법을 사용하라. 사람들이 조직의 일원임을 흥분하게 하라. 그들이 다른 사람들보다 뛰어나다는 느낌, 최고라는 느낌을 들게 하라.

(5) 상담의 기회를 적절하게 찾아라

당신 밑에서 일하는 사람이 특별 상담을 요청하는 경우, 외에도 다음 같은 경우에는 당신이 특별 상담을 요청해야 한다.

① 어떤 문제가 존재한다는 증거가 있을 때
② 어떤 면에서 성과가 부진할 때
③ 어떤 일에 대해 의견을 구하고 싶을 때
④ 당신이 도움을 줄 수 있다고 생각될 때
⑤ 미래에 대해 조언을 하고 싶을 때
⑥ 학습을 위해 과거의 활동이나 프로젝트를 검토하고 싶을 때

당신의 개인적으로 의사소통을 해야 할 이유가 있을 때 상담은 직원과 비공식적이면서도 의미 있는 방식으로 당신과 대화할 좋은 기회를 제공한다. 상담이 잘 끝나면 이전에 잘 몰랐던 사람들에 대해 상당히 많은 것을 알 수 있게 된다. "구하라, 그러면 얻을 것이다."라는 성경구절이야말로 상담에 관한 좋은 충고이다. 직원들은 그들을 괴롭히는 것들에 대해 리더와 이야기할 수 있고, 리더는 무수히 떠도는 말을 잠재울 수 있으며, 상담은 리더나 직원들 모두에게 목표를 세우고 목표 달성을 위해 전염하게 하는 좋은 기회이다. 제대로 된 상담을 통해 팀을 교육하라.

(6) 질책은 효과적인 방법으로 한다

리더는 항시 '좋은 사람일 수 없다.' 때로는 질책하고 징계를 내려야 한다. 그렇지 않으면 규칙 위반이 되풀이되기 쉽다. 또 조직 전체에 당신이 위반에 별로 상관하지 않으며 어떤 행동도 용납한다는 인상을 주게 된다. 물론, 정말 당신이 상관하지 않는다면 당신을 따르는 사람들이 실수하지 않도록 주의하기를 기대할 수 없다. 케네스 블랜챠드와 스펜서 존슨은 그들의 베스트셀러가 된 저서, 《인생을 단순화하라(The One Minute Manager)》에서 이렇게 충고한다. "즉시 질책하라. 무엇을 잘못했는지 알려주어라, 구체적으로. 그들의 잘못에 대해 당신이 어떻게 생각하는지 알

려주어라. 절대 애매모호한 용어를 사용하지 마라." 질책은 비판이라는 사실을 명심하라. 그러므로 앞에서 지적한 바와 같이, 이는 비공개로 이루어져야 한다. 때로 질책하려는 의도로 면담하다가 직원이 그런 행동을 취할 수밖에 없었던 이유가 밝혀지기도 한다. 그러면 질책할 필요가 없으며, 당신은 이를 곧 알아차릴 것이다. 질책을 위한 면담을 비공개로 하였기 때문에 당신 자신이나, 어느 누구도 당황하지 않을 것이다. 만일 화가 난다면 당신이 질책하고 있는 이에게 당신이 화가 났음을 알리고 그 이유도 말해준다. 화를 내는 것은 괜찮다. 그러나 자제력을 잃어서는 안 된다. 자제력의 상실은, 곧 질책을 하는 주된 목적에서 초점이 벗어나고 있음을 의미한다. 누군가를 질책할 때는 당신이 얻고자 하는 바에 초점을 맞추어야 한다. 당신은 상대가 상처받고 분노하거나 좌절하길 원하는 것이 아니라, 그 사람이 자기 자신을 발전시킬 욕망을 갖길 원하는 것이다. 두 번의 칭찬 사이에 비판을 한 번 끼우는 샌드위치 방식은 하나의 해결책이다.

블랜챠드와 존슨이 추천하는 방법은, "당신이 정말로 그들 편임을 알 수 있도록 그들과 악수를 하거나 접촉하라. 그리고 그들을 얼마나 아끼는지 상기시켜라. 이 상황에서 그들의 행동에 대해서는 좋지 않게 생각하지만, 그들 자신에 대해서는 좋게 평가한다는 점을 다시 한 번 확인시켜주어라. 그리고 질책이 끝나면 그걸로 끝이라는 것을 명심하라." 심각한 위반일 경우 어떤 형태로든 징계를 해야 한다. 징계를 해야 할 때는 해라. 미루지 마라. 미루면 미룰수록 당신이나 벌칙 받을 사람이나 모두 힘들어진다. 또 그럴 때 징계조치가 공정하지 않다고 여겨질 가능성이 크다. 징계가 필요할 때는 항상 어떤 교정 조치를 취하라. 징계를 미래에 대한 억제책으로 사용한다면, 사람들의 위반을 억제하는 주된 요소는 벌칙을 받는다는 확신이지 그 벌의 혹독함이 아니다.

17세기 영국에서 노상강도에 대한 벌은 사형이었다. 오늘날 같은 범죄에 대한 벌은 몇 년 간의 감옥생활이지만, 강도 발생건수는 비례적으로 훨씬 작다. 그 이유는 잡혀서 감옥에 갈 가능성이 그때 보다 훨씬 커졌기 때문이다. 미국의 강도사건 발생 비율은 영국 보다 훨씬 많다. 이유는 여러 가지이지만, 그에 대한 처벌이 약화하였기 때문은 아니다. 미국에서 강도행위에 대한 벌로 사형한 적은 없었다. 오늘날 미국에서 강도 발생률이 높은 이유는 잡혀서 벌받을 가능성이 과거보다 줄었기 때문이다. 징계의 한 가지 중요한 면은 그것을 행하는 것이 아니라 그 목표를 이루고 유지하는 것이다. '징계하다(to discipline)'의 라틴어 어원은 '가르치다(to teach)'이다. 징계의 수준은 교육의 수준과 마찬가지로 리더가 정해야 한다. 조직의 구성원들이 리더를 존경하고 자기 자신을 존중하며 항상 최고능력을 발휘하게 하고 싶다면, 그렇게 하도록 교육해야만 한다. 이는 즉석에서 얻어지는 게 아니다. 조지 워싱턴은 이렇게 말했다. "사람들이 기꺼이 당신을 따르게 하는 것은 하루나 한 달, 혹은 1년 만에 이룰 수 있는 일이 아니다." 워싱턴은 고도의 징계 기준을 세우는 것은 시간이 필요하며 힘든 작업이라는 사실을 알고 있었다. 그가 얘기하지는 않았지만, 일단 징계의 원칙이 무너지면 기존의 리더가 그것을 회복하기가 열 배는 어렵다. 이런 이유 때문에 고도의 징계 기준을 유지하지 못한 리더들이 기업에서는 해고를 당하는 것이다. 조직을 회복시키는 데는 새로운 리더가 필요하다. 새로운 리더라면 강한 징계체제를 세우고 조직을 재건할 수 있다. 기존 리더는 이 일을 할 수 없는 경우가 많다.

02 내부고객 조직의 갈등유형 및 커뮤니케이션

1) 미용기업 내부고객의 갈등유형 및 분석

조직화된 사회에서 갈등은 보편적인 현상으로 나타나고 있다. 더구나 우리의 관심대상인 미용조직의 경우, 일정한 테두리 안에서 많은 사람과 집단들이 나름대로 목표를 지닌 채 활동하다 보면, 여러 형태의 마찰과 불편한 관계가 생긴다. 갈등은 어느 한 사람이 자신의 관심사를 다른 한 쪽에서 좌절시키려고 한다고 지각할 때 시작되는 과정이다. 그러면 조직에서의 갈등은 반드시 좋지 못한 것이기만 한 것일까? 갈등의 개념을 분명히 이해하려고 갈등의 순기능과 역기능에 대해 알아보자. 흔히 조직에서의 갈등은 나쁜 것이기 때문에 제거되어야만 하는 것으로 생각하기 쉽다. 그러나 적당한 갈등은 오히려 도움이 되는 상황도 있다. 예컨대 갈등은 조직문제의 해결책으로서 새로운 아이디어나 제도를 탐색하게 한다. 또 조직구성원이 분발할 필요성을 느끼게 하여 조직구성원의 동기부여를 촉진하기도 한다. 그러나 그런 이점이 있다고 하더라도 갈등해결에 노력하는 동안은 성과나 목표달성에 에너지를 모을 수 없다는 점에서 개인과 조직 양편에 부정적 결과를 줄 수가 있다.

(1) 갈등의 종류

갈등을 일으키는 상황은 여러 가지며, 직장이나 조직에서의 갈등에는 ① 개인내적 갈등, ② 개인 간 갈등, ③ 집단 내 갈등, ④ 집단 간 갈등, ⑤ 조직 내 갈등, ⑥ 조직 간 갈등 등이 있다.

(2) 개인 내 목적갈등의 세 가지 전형

① 접근-접근 갈등

가고 싶은 직장이 두 군데나 있는데, 둘 다 취하고 싶다. 이처럼 비슷한 정도로 매력적인 옵션이 둘 이상 있고 그들 중 하나를 선택해야 할 때의 갈등을 접근-접근 갈등이라고 부른다.

② 회피-회피 갈등

선택할 수 있는 옵션이 모두 마음에 들지 않는 것일 때, 회피-회피 갈등이 생긴다. 부서 이동에서 타 도시 전근을 가든지 같은 도시 내에서 좌천되든지 두 가지 옵션이 준다면 둘 다 회피하고 싶다. 하지만 다른 선택의 여지가 없다면 갈등에 빠진다.

③ 접근-회피 갈등

선택할 수 있는 옵션들이 각각 좋은 점과 나쁜 점을 가지고 있을 때 발생한다. 승진을 하려면 지방근무를 해야만 하고, 서울근무를 계속하려면 승진기회를 잃는 경우이다. 이런 접근-회피 갈등은 직장생활에서 뿐만 아니라 일상생활에서도 자주 접하는 갈등상황이다. 배우자를 선택할 때라든지, 대학진학에서 학교나 학과를 선택할 때도 이 같은 접근-회피갈등이 발생한다.

(3) 개인 내 인지 갈등(인지 부조화)

인지 부조화란, 개인이 자신의 생각, 가치관, 태도, 의견, 그리고 행동들 간에 불일치나 갈등을 인식할 때 발생한다. 이 불일치성이 해소되지 않으면 심리적 불편을 체험하며, 사람들은 보통 이 부조화 상태를 조화상태로 바꾸기 위해서 모종의 조치를 취한다. 그 조치 중에는 생각의 변화, 태도나 가치관의 변화, 행동의 변화 등이 포함되어 있으며, 어떤 경우에는 변화 이전에 갈등을 일으키는 문제에 대해서 다양한 지식이나 정보를 수집하는 방법을 취하기도 한다.

① 개인 간 갈등

둘 혹은 서너 사람 간의 갈등을 의미한다. 보통 이자(二者) 간 갈등과 삼자(三者) 간 갈등이 주로 연구되어 왔다. 상호 간에 기대하는 목적이 다르거나, 태도, 가치관이 다르거나 혹은 행동하는 방식이 다를 때, 개인 간 갈등이 발생한다. 서로 경쟁적일 때 즉, 한 사람이 이득을 취한다면 상대방이 손해를 입어야 할 때도 개인 간 갈등이 발생한다. 직장생활이나 가정생활에서 우리는 이러한 갈등상황에 때때로 봉착하게 된다.

② 집단 내 갈등

집단은 개인의 단순한 합 이상이다. 따라서 한 집단내의 갈등은 각 집단원의 개인적 갈등과 개인 간 갈등의 단순 합 이상이라고 보아야 한다. 이 명제에 관해서는 시스템 이론에 토대를 둔 가족체제 이론이나 가족치료 분야에서 특별히 집중적으로 탐구되어 왔다.

③ 집단 간 갈등

한 조직 내의 갈등은 집단 간 갈등으로 이해될 때가 많다. 즉, 부서 간 갈등이나 노사 간 갈등이 대표적인 집단 간 갈등이다. 자기 집단의 이득과 편의를 위해서 타 집단의 희생과 양보를 강요하는 형태를 띠게 된다. 이 갈등이 심화하면 한 조직 내에 있는 타 집단을 적으로 대하기도 한다. 조직 내 갈등은 집단 간 갈등 뿐만 아니라, 조직구조상의 문제를 반영하기도 한다. 즉 부서의 역할과 직무가 분명하게 정의되어 있지 않다든지 서로 중복될 때, 부서의 권한이 불분명하거나 중복될 때 조직 갈등이 생긴다.

④ 조직 내 갈등

조직에서 발생하는 대표적인 갈등의 유형에는 다음 네 가지가 있다.

㉠ 수직적 갈등

수직적 갈등은, 조직 계층 간에 발생하는 갈등이다, 원인은 여러 가지가 있을 수 있으나 주로 상위부서가 하위부서의 자유 재량권에 지나치게 통제력을 발휘하는 과정에서 생긴다.

㉡ 수평적 갈등

수평적 갈등은 한 조직계층의 동일수준의 부문 간에 발생하는 갈등으로써, 흔히 조직에서의 하위부서를 조정하는 어려움 때문에 야기된다. 이는 각 집단이 다른 과업을 수행하고, 다른 환경에 처해 있기 때문에 자연적으로 발생하는 것으로써, 사람들은 자기부서를 우선 생각하고 타부서의 노력에 대해서는 2차적인 관심만 보이는 경향이 있기 때문이다.

㉢ 라인-스텝 갈등

조직의 전형적인 갈등으로서 라인-스텝 양측이 상대방의 업무를 이해하지 못하거나 영역을 침범함으로써 발생하는 갈등이다. 즉 스텝이 라인 업무에 간섭하거나 라인이 스텝의 역할을 탁상공론으로 무시하는 것 등이 원인이 된다.

㉣ 역할 갈등

이는 이미 언급한 것처럼 양립할 수 없는 기대가 동시에 한 직위에 주어질 때 발생하는 갈등이다.

(4) 갈등의 수준

조직에서는 다음과 같은 네 가지 수준에서 갈등이 발생할 수 있다.

① 개인적 갈등

개인적 갈등은 개인 내에서 발생하는 갈등이다. 첫째, 접근-회피갈등(intra personal conflict)으로서 이는 한 대상에 대해 끌리는 점도 있고 부정적 속성 때문에 멀리하기도 할 때 느끼는 갈등이다. 둘째, 접근-접근 갈등(approach-approach conflict)으로서 두 매력적 직무가 제시되었을 때처럼 두 개의 대안이 똑같이 매력적일 때 느끼는 갈등이다. 셋째, 회피-회피갈등(avoidance-avoidance conflict)으로서 이는 똑같이 매력 없는 대안 간에 무언가 선택을 해야만 할 때 느끼는 갈등이다. 끝으로 다원적 접근-회피갈등(multiple approach-avoidance conflict)은 한 개인 여러 조합의 접근-회피갈등을 경험하는 것을 말한다.

② 개인 간 갈등

개인 간 갈등은 두 개인이 같은 문제에 대해 불일치할 때 발생하는 갈등이다. 이는 경영자의 갈등 해결 수완이 특히 요구되는 갈등이다.

③ 집단적 갈등

집단적 갈등은 집단 간에 발생하는 갈등으로서 부서 간에 발생하는 갈등이 가장 보편적이다. 이는 과업활동의 조정과 통합을 어렵게 만든다. 대표적인 것은 영업부서와 생산부서간의 갈등이다.

④ 조직간 갈등

조직 간의 갈등으로서 기업과 경쟁기업 간의 갈등, 노동조합과 기업 간의 갈등, 기업과 원료공급업체의 갈등이 여기에 속한다.

(5) 갈등의 관리방안

조직에서의 갈등을 잘 관리하는 것은 경영자의 중요한 책임의 하나이다. 앞에서 언급한 바처럼 이론적으로 보면 갈등의 관리에는 역기능적인 갈등을 해결하는 것과 순기능적인 갈등을 조성하는 것이 포함된다. 대인 간 갈등상황에 처했을 때, 우리는 어떤 방식으로든 이에 대처하게 된다. 갈등대처 방식은 개인마다 차이가 있다. 한 개인에게도 상황마다 차이가 있지만, 다음과 같은 몇 가지 방식으로 유형화 해 볼 수 있다.

① 회피형

회피형인 사람은 갈등의 존재를 부인하거나 갈등의 밖에 머무르려 하고 중립입장을 취한다. 의사결정을 미루며 시간이 흘러서 갈등이 자체적으로 해소되기를 바란다. 갈등 회피의 한 가지 장점은 갈등증폭의 가능성을 미리 방지할 수 있다는 점이다, 이런 회피형과 상대해야 하는 사람들은 대개 심한 좌절과 답답함을 체험한다.

② 강제형 혹은 투사형

강제형인 사람은, 강제적인 힘과 지배력에 의해서 갈등을 해결하려 한다. 자기주장이 강하며 이김과 짐(win-or-lose)의 논리를 주로 사용한다. 따라서 투사형이라고도 부른다. 조직의 위계와 질서를 내세운다. 본인의 목적달성에 투철한 나머지 상대방의 고통이나 손해에는 깊은 배려를 하지 않는다. 이 강제 투사형인 상사 밑에서 일하는 아랫사람들은 대개 불만이 많다. 한 가지 장점은 목적달성을 위해서 추진력이 뛰어나다는 것이다.

③ 순종형 혹은 양보형

순종형 혹은 양보형은 자기주장이 약하다. 주장이 강한 상대방의 의견에

순종하거나 마음속으로 자기 의견이 있어도 양보한다. 남들에게는 이기심이 없고 착한 사람이라는 좋은 평가를 받을 수 있지만, 본인 자신은 그렇게 생각지 않을 수 있다. 특히 상대방이 강한 강제형이어서, 할 수 없이 양보형을 취하는 경우에 수동 공격적 대처 방식을 취할 가능성이 높다.

④ 이상주의형

이상주의형인 사람은, 상호협조, 최대의 공동이익을 내세우며 둘 다 이김 (win-win)의 논리를 주장한다. 상호 신뢰와 협조만 되어 준다면 어느 한 쪽도 희생당하지 않고 최선의 결과를 얻을 수 있다고 믿는다. 갈등해결 과정에서 때로 이런 이상적 결과가 발생하기도 하므로 무작정 무의미한 이상주의라고 비난할 수는 없지만 현실성이 없을 때가 많다.

⑤ 타협・절충형

타협・절충형인 사람은 자기주장도 하지만, 상대방의 주장도 존중한다. 양보도 하고 양보를 받아들일 줄도 안다. 즉, 상호 주고받음(give and take)의 논리를 채택한다. 이상주의 형과 다른 점은, 갈등하는 양측이 최대의 이익을 얻으려 하려 하기보다는 각자 손해를 보더라도 타협점을 찾는 부분적인 만족을 추구한다는 점이다.

2) 미용기업 내부고객 조직의 커뮤니케이션 이해

커뮤니케이션이란, 두 사람 이상의 사람들 사이에 언어, 비언어 등의 수단을 통하여 자기들이 가지는 의사(opinion), 감정(sentiment), 정보(information)를 전달하고 피드백을 받아 상호작용하는 과정이라고 말할 수 있으나, 사실은 용도에 따라서 의미가 모두 다르다. 그러나 분명한 것은 개인 혹은 집단들이 커뮤니케이션을 통하여 타인에 한 영향력을 행사하고 정보를 교환하고 감정과 정서를 표현하는 것은 확실하다. 커뮤니케이션의 유효성은 요컨대 '정보전달자(communicator)'와 '수신자(receiver)'사이의 공통된 이해의 결과라 할 수 있다. 커뮤니케이션이란 용어의 유래에서 알 수 있는 바와 같이 그것은 '공동으로 상용하는 부호를 이용한 정보의 전달과 이해'로 정의할 수 있다. 공동으로 사용하는 부호에는 언어적인 것과(verbal) 비언어적인 것이(nonverbal) 있다. 이러한 부호(symbol)를 이용하여 정보가 수평적으로, 수직적으로, 또는 대각선적으로 전달된다. 조직 내에서의 커뮤니케이션은 조직이 '공식적 조직'과 '비공식적 조직' 으로 나누어지 듯, '공식적 커뮤니케이션'과 '비공식적 커뮤니케이션 나누어질 수 있다. 공식적 커뮤니케이션의 경로는 기본적으로 권한, 책임, 의무에 의해 확립된 조직의 구조에 의해 결정된다. 그리고 비공식적 커뮤니케이션은 조직 내의 상호작용에 의해 자연적으로 생기는데, 이 비공식적 커뮤니케이션은 개인의 심리적, 사회적 상호작용에 따라 그 경로가 많이 좌우된다. 이 비공식적 커뮤니케이션은 공식적 커뮤니케이션을 도와 그 효율성을 높이기도 하고, 반대로 공식적 커뮤니케이션의 효율성을 떨어뜨리기도 한다.

(1) 공식적 커뮤니케이션

공식적 커뮤니케이션은, 커뮤니케이션이루어지는 방향에 따라 하향적(downward), 상향적(upward), 수평적(horizontal), 대각선적(diagonal) 커뮤니케이션으로 나눌 수 있다.

① 하향적 커뮤니케이션

'하향적 커뮤니케이션'은 조직의 위계 또는 명령계통에 따라 상위계층에서 하위계층으로 정보가 흐르는 형태이다. 이것은 주로 경영조직에서 직무설계, 경영정책, 회사의 공공성 유지 등에 이용된다. 하향적 커뮤니케이션에 의해서 조직의 방침, 명령, 지시, 성과표준이 전달되며 아랫사람의 행동을 일으키고 그 활동을 조정한다.

② 상향적 커뮤니케이션

효과적인 커뮤니케이션을 위해서는 하향적 커뮤니케이션뿐 아니라 상향적 커뮤니케이션도 필요하다. '상향적 커뮤니케이션'에서는 의사전달자가 수신자보다 조직의 하위계층에 위치한다. 일반적으로 여기에서는 집단토의, 제안제도, 고충처리제도, 조직구성원간담회 등이 이용된다. 상향적 커뮤니케이션은 조직의 하위층에서 실무를 담당하는 종사원들의 의견, 요구, 태도, 업무상의 성과 등을 상위층에서 알 수 있게 하는데, 그중에서도 중요한 기능은 통제 목적의 정보 제공이라 할 수 있다.

③ 수평적 커뮤니케이션

상향적 및 하향적 커뮤니케이션은 조직을 설계할 때 가장 기본적인 요소이지만, 조직의 효율을 높이기 위해서는 수평적 커뮤니케이션도 필요하다. 즉, 수평적 커뮤니케이션은 조직의 여러 가지 기능을 통합하고 조정하는 데 필요하다. 요컨대 수평적 커뮤니케이션은 조직의 위계수준이 같은 구성원 간에 또는 부서 간의 커뮤니케이션을 가리킨다. 수평적 커뮤니케이션을 통하여 조직 구성원간의 갈등이나 각 부서 간의 갈등을 조정하고 협동체계를 이루어 조직목표를 달성한다. 이 수평적 커뮤니케이션은 조직 설계의 단계에서 명백하고 고려되지는 않지만 각 경영자의 능력에 따라 나타난다.

④ 대각선적 커뮤니케이션

조직의 커뮤니케이션 경로 중에서 '대각선적 커뮤니케이션'은 조직 구성원이 다른 커뮤니케이션 경로를 통하여 정보를 효과적으로 전달할 수 없는 경우에 특히 중요한 커뮤니케이션 경로가 된다. 이 커뮤니케이션 경로는 '수평적 커뮤니케이션'이나 '수직적 커뮤니케이션'과는 대각선적 관계에 있는 것으로서, 주로 조직의 노력과 시간을 절약하기 위해서 사용된다. 이러한 형태의 커뮤니케이션은 '프로젝트 조직'과 같은 동태적 조직에서 많이 볼 수 있다.

(2) 비공식적 커뮤니케이션

'비공식적 커뮤니케이션'은 조직 내의 상호작용에 의해 자생적으로 형성되는 커뮤니케이션 체계이다. 비공식적 커뮤니케이션은 의사전달자의 목표에 따라 긍정적인 기능을 수행하기도 하고 부정적인 기능을 수행하기도 한다. 의사전달자의 목표가 조직목표와 일치할 때는 긍정적인 기능을 발휘하고, 그렇지 못할 때는 부정적인 기능을 발휘한다. 비공식적 커뮤니케이션은 특히 개인적인 의도가 많이 담기게 되는데, 이러한 개인의 목표는 조직의 목표와 일치할 수도 있고, 그렇지 못할 수도 있는 것이다. 따라서 이들 두 목표의 일치 정도에 따라 부정적 기능을 발휘할 수도 있고, 긍정적인 기능을 발휘할 수도 있다.

(3) 내부고객의 필요성과 관리방안

미용기업에서 우리가 고객이라 부르는 외부고객만이 고객관리의 대상이 되는 것은 아니다. 앞에서 고객을 분류할 때 이야기했듯이 직원들 곧 내부고객도 넓은 의미의 고객에 속하고 당연히 고객관리의 대상이 되어야 한다. 서비스의 중요성이 부각되면 될수록 외부고객과 직접 접촉하는 내부고객의 비중도 그만큼 더 커질 수밖에 없으므로 이에 대한 관리도 필수적이라 하겠다.

직원들의 직무 만족과 고객 만족은 상호작용 한다. 내부고객 즉, 직원들을 어떻게 관리하느냐가 조직의 성패를 어느 정도 좌우한다. 따라서 기업의 경영자는 서비스 지향적인 직원을 채용하고, 직원들의 수고에 합당한 임금을 보장해야 하며, 직업에 대한 자부심과 비전을 갖도록 이끌어야 한다. 세대차이 나는 직원들을 무조건 자신이 설정한 틀에 가두려 하지 말고, 신세대 사고의 장점을 이해하고 받아들이는 태도가 중요한다. 또한 직원들의 역할분담을 분명히 하여 갈등의 여지를 최소화하고, 필요한 경우 가동할 수 있는 권한위임 시스템을 확보하는 게 좋다. 그리고 체계화된 교육훈련을 통해 기술력과 서비스 정신을 겸비한 인재교육에 중점을 두어야 한다. 내부고객을 제대로 관리하지 않으면 낮은 동기부여와 불만족한 태도로 인해 직원들의 서비스 수준이 하락하고, 부정적인 고객반응으로 이어진다. 게다가 서비스 품질은 직원들의 행동으로 결정된다. 자동화된 서비스일지라도 시스템 통제를 직원이 담당하기 때문에, 문제가 발생할 경우 직원의 신속한 대처가 필요하다. 서비스기업은 직원들이 다양한 상황에서도 일관성 있게 행동할 수 있도록 규범을 정하고, 긍정적인 태도와 행동을 취하도록 내부 분위기를 조성할 필요가 있다. 직무수행에 필요한 기술과 지식뿐만 아니라, 사교적인 남을 배려할 줄 아는 서비스 성향이 강한 사람들을 채용하여, 양질의 서비스 제공에 필요한 전문기술교육과 대인관계 교육으로 이들을 훈련시키고 자질을 개발해야한다. 또한 이들에게 규정의 한계를 벗어나지 않는 선에서 유연하게 대처하도록 권한을 부여하고, 고객 지향적인 내부 지원 시스템을 구축하여 서비스 지향성을 강화해야 한다. 우수한 인력의 유출을 막기 위한 노력도 병행되어야 한다. 우수한 직원의 승진과 보상은 물론이고, 직원의 만족도를 정기적으로 조사하여 인사정책에 반영하여야 한다. 직원이 조직의 비전을 이해하고 공감해야 조직에 대한 관심과 애착이 커지므로, 참여의식을 높이는 프로그램을 개발하여 활용하는 것이 바람직하다.

【참고문헌】

■ 국내 문헌

김동철(2008), 《경영전략 수립 방법론》, 시그마인사이트컴.

김승욱(2012), 《고객관계관리CRM 원론》, 법문사.

김승철(2011), 《신규사업개발 경영실무백과》, 승산서관.

김이태(2009), 《CRM 고객관계관리》, 도서출판 대경.

김현식(2006), 《가치흐름의 혁신전략》, 풀무레.

김형수(2009), 《CRM 고개관계관리 전략 원리와 응용》, 사이텍미디어.

서인석(2008), 《지식근로자 시대의 비즈니스 커뮤니케이션》, 산문출판.

안상협(2012), 《경영학원론》, 이프레스.

이향정(2009), 《서비스와 이미지 메이킹》, 백산출판사.

장수용(2005), 《경영학 이해》, 전략기업 컨설팅.

장영재(2010), 《경영학 콘서트》, 비즈니스북스.

전홍진(2012), 《글로벌 매너와 비즈니스》, 이프레스.

정영주(2007), 《고객의 가치를 높이는 서비스기법》, 미래지식.

최금옥(2012), 《고객관계관리 CRM를 위한 고객만족 서비스》, 기업교육개발원.

최영희(2009), 《미용경영학》, 광문각.

현대경영연구소(2011), 《좋은회사를 만드는 인재관리 육성과 기업발전》, 승산서관.

■ 국외 문헌

필립 코틀러(Philip Kotler)(2008), 《KOTLER의 마케팅 원리》, 시그마프레스.

하야시 아쓰무(2010), 《만만한 회계학》, 케이디북스.

해롤드 커즈너(Harold Kerzner)(2003), 《프로젝트 관리의 전략적 계획 수립》, 가남사.

데일 카네기(Dale Carnegie)(2009), 《리더가 알아야 할 31가지 카네기 리더십》, 삼진기획.

스에요시 타카오(2007), 《기획자가 알아야 할 마케팅의 실무》, 멘토르.

키애런 파커(Ciaran Parker)(2009), 《세계 최고의 경영 사상가 50인》, 시그마북스.

미용경영학 & CRM

2013년 3월 7일 1판 1쇄 발 행
2014년 9월 15일 1판 2쇄 발 행

지은이 : 최영희 · 안현경 · 권미윤
현경화 · 구태규 · 이서윤

펴낸이 : 박 정 태

펴낸곳 : **광 문 각**

413-756
경기도 파주시 문발동 파주출판문화도시 500-8
광문각 빌딩
등 록 : 1991. 5. 31 제12-484호
전화(代) : 031) 955-8787
팩 스 : 031) 955-3730
E-mail : kwangmk7@hanmail.net
홈페이지 : www.kwangmoonkag.co.kr

• ISBN : 978-89-7093-716-8 93590

값 23,000원